城市景观中的
公共艺术设计研究

林海 著

中国大地出版社

图书在版编目（CIP）数据

城市景观中的公共艺术设计研究 / 林海著. --北京：中国大地出版社，2018.12

ISBN 978-7-5200-0350-6

Ⅰ. ①城… Ⅱ. ①林… Ⅲ. ①城市景观－景观设计－研究 Ⅳ. ①TU-856

中国版本图书馆 CIP 数据核字（2019）第 000180 号

责任编辑：刘　迪
责任校对：田建茹
出版发行：中国大地出版社
社址邮编：北京市海淀区学院路 31 号，100083
电　　话：010－66554649（邮购部）；010－66554609（编辑部）
网　　址：www.chinalandpress.com
印　　刷：北京亚吉飞数码科技有限公司
开　　本：787mm×960mm 1/16
印　　张：14.5
字　　数：188 千字
版　　次：2019 年 7 月北京第 1 版
印　　次：2024 年 9 月北京第 2 次印刷
书　　号：ISBN 978-7-5200-0350-6
定　　价：60.00 元

版权所有·侵权必究

前　言

　　城市化作为当今世界最为普遍的一种社会变迁态势对人类文明和生活方式的重塑产生着深刻而久远的影响。随着时代的进步和大众审美的提高，城市公共空间越来越具有艺术设计感，一些公共艺术设计对营造城市魅力具有非常重要的作用和意义。公共艺术作为城市文化的重要组成部分，为城市空间带来独特的魅力。

　　随着时代的发展和科技的进步，公共艺术的表现形式也越来越多样化，越来越丰富的内容和技术加强了公共艺术作品的表现。许多新媒体的艺术元素逐渐融入到公共艺术作品的表现之中，使公共艺术文化不断得到创新，公共艺术的个性化也越来越鲜明。为了避免城市公共空间发展雷同，每个城市的公共艺术也越来越具有自己的特色。每件极具鲜明特点的公共艺术作品都为城市独特的形象而表现，只有这样才能满足人们的互动性和审美要求。基于对公共艺术设计的特色要求，特撰写了《城市景观中的公共艺术设计研究》一书，以期为人们了解公共艺术，了解公共艺术的设计提供一些借鉴；同时也希望设计者能更加重视对于具有特色的公共艺术的设计。

　　本书共分为六章。第一章作为开篇引言，首先对城市景观与公共艺术的基本概念及城市中公共艺术的发展脉络进行了介绍，以此来使人们对城市景观与公共艺术有一个更清晰的认识。进行公共艺术设计，首先要对其形态构成有一个了解，因此本书第二章便对城市公共艺术设计的造型与结构、材料应用、色彩搭配等形态构成因素进行了介绍。城市公共艺术设计的方式虽各有不同，但都有其自身的原则与流程，因此第三章便对城市景观公共艺术设计的基本原理与流程进行了介绍。雷同的设计作品会使人们感到乏味，甚至是嫌恶,因此新颖的设计便成为设计师追求的重要方面,本书第四章便对城市公共设施的新颖设计进行了介绍,希望能为人们的公共艺术设计提供一些新的思路。环境与人们的生活息息相关,公共艺术设计必须与环境相融合、相适应,才能更为人们所喜爱、所欣赏。本书第五章便从城市公共空间环境分类设计入手来进行研究。城市公共设计的类型多样,满足不同类型的设计要求是城市公共艺术设计的重点。本书最后一章便对城市公共艺术的需求专题设计进行了研究,主要包括城市公共雕塑分类设计、城市公共壁画创新设计、城市公共装置、装饰合理设计等内容。

本书有着鲜明的特点,主要体现在以下两个方面。

第一,亮点突出。本书的第四章、第五章是本书的亮点章节,分别是城市公共设施的新颖设计、城市公共空间环境分类设计。随着城市化进程的加快,越来越多的城市公共设计出现了雷同的现象,千篇一律的设计使人们体会不到公共艺术设计带给人们的愉悦感,因此新颖的设计便成为设计者们进行设计的方向与要求。同时公共艺术设计还必须与环境有着很好的融合性,环境与人们的生活是紧密联系的,人们生活在环境中,而作为环境中的公共艺术品,其设计必须与环境相适应、相协调,才能带给人们美的享受。本书第四章、第五章紧扣城市公共艺术设计的这两点要求,符合时代发展的潮流。

第二,体系完整。本书在内容上形成了较为完整的理论体系。首先对城市景观与公共艺术的基本理论进行了介绍,随后按照城市公共艺术设计的形态构成、基本原理与流程、城市公共设施的新颖设计、城市公共空间环境分类设计、城市公共艺术需求专题设计的顺序进行论述,整个理论体系全面完整。

本书在撰写的过程中借鉴了许多同仁前辈的研究成果,在此表示衷心的感谢。由于本人时间和精力有限,书中难免存在不足之处,恳请广大读者批评指正。

作 者

2018年7月

目 录

第一章　城市景观与公共艺术基本理论 ……………………… 1
　第一节　城市景观的概念及要素 ……………………………… 1
　第二节　公共艺术的基本概念与多重特质 …………………… 5
　第三节　城市中的公共艺术发展脉络 ………………………… 27

第二章　城市公共设计的形态构成 …………………………… 41
　第一节　城市公共艺术设计的造型与结构 …………………… 41
　第二节　城市公共艺术设计的材料应用 ……………………… 57
　第三节　城市公共艺术设计的色彩搭配 ……………………… 60

第三章　城市景观中公共设计基本原理与流程 ……………… 90
　第一节　城市公共艺术设计的基本原理 ……………………… 90
　第二节　城市公共艺术设计的必需流程 ……………………… 110

第四章　城市公共设施的新颖设计 …………………………… 124
　第一节　城市照明设施的创新性设计 ………………………… 124
　第二节　公交站台与报亭、电话亭的多变性设计 …………… 136
　第三节　城市座椅与垃圾箱的协调性设计 …………………… 145

第五章　城市公共空间环境分类设计 ………………………… 159
　第一节　城市公共空间的多样性设计 ………………………… 159
　第二节　公共艺术设计与环境相融合 ………………………… 181

第六章　城市公共艺术需求专题设计 ………………………… 191
　第一节　城市公共雕塑分类设计 ……………………………… 191
　第二节　城市公共壁画创新设计 ……………………………… 206
　第三节　城市公共装置、装饰合理设计 ……………………… 212

参考文献 ………………………………………………………… 223

第一章 城市景观与公共艺术基本理论

本章主要阐述了城市景观与公共艺术总体理论，探讨了城市景观的概念、要素特征，公共艺术的概念与特质，以及城市公共艺术发展的历史等内容。

第一节 城市景观的概念及要素

一、城市景观的概念

（一）城市景观

城市景观是指在城市范围内所包括的自然要素、人工要素和人文要素所反映出来的城市视觉形象。其中自然要素主要包括地形地貌特征、典型气候天象、植被、水体等；人工要素包括建筑、广场、街道、公园绿地、艺术小品等；人文要素包括文化传统、风俗习惯、社会生活等。由此可见，城市景观的形成是多方参与、共同塑造的结果，是人类历史的积累和文化的积淀。

城市景观应反映城市的性质，如西安的城市景观中透着浓郁的古都气息；北京的长安街政治气氛浓厚；杭州水光山色、气脉相连，自然景物与人文环境融洽。

城市景观还应反映城市各物质要素之间的功能分区与布局。如工业城市、工业区，厂房、高炉、水塔、码头等城市景观。

(二)城市景观与相关概念辨析

1. 城市景观与外部空间

一般来说,城市的外部空间是相对于建筑内部而言的,是人们在室外进行公共活动的场所。都市人的聚会、休憩及交往,都发生在城市的外部空间之中。城市的外部空间从形式上来看是虚无的,但却是城市景观中的重要组成部分。

可以说,城市景观的概念远大于外部空间的概念。

2. 城市景观与城市环境

城市环境是城市中围绕人类生存的各种条件和要素的总休,包含范围极广,城市环境涵盖城市景观。

3. 城市景观与城市设计

城市设计是在总体规划的基础上进行的环境设计,其目的是改善人们的生存环境,提升城市整体景观品质。而城市景观设计则注重的是城市的整体形象,关注人们视觉上的审美和心理感受。

二、城市景观要素特征

(一)城市景观的构成

1. 城市景观的实体要素

从构成城市景观实体要素来分,城市景观大致包括两个部分:一是城市的实体要素,包括建筑、植物、水体、铺装等;二是由这些实体要素围合出的虚体要素的空间。

根据以上分析,可将城市景观细分成建筑、道路、公园绿地、广场、水景和照明。

2. 城市景观的构成要素

按照凯文·林奇的分析,从城市景观的构成要素来分,景观包括路、区、边缘、标志和中心点五种要素。

(1) 道路

城市的道路交通网是城市的整体骨架,包括城市各级道路、河道、步行街等,呈现出带型的景观形象,是城市景观的重要组成部分。

(2) 区

区是具有共同特征和功能的、较大范围的城市地区,像居住区、商业区等,在城市景观形象中是以"片"的特征呈现,它的变换对城市的整体景观影响很大。

(3) 边缘

城市的边缘指的是区与区的界限、城区与郊区的界限,其界定的标志可能是一条绿化带、河岸、山峰或者是高层建筑等,边缘应能从远处望见,也易于接近,提高其形象。

(4) 标志

标志是城市中非常突出的景观。标志有大有小,它们是形成城市图像的重要因素,有助于使一个区获得统一。一个好的标志既是突出的,也是协调环境的因素。

(5) 中心点

中心点也可看作是标志的另一种类型。标志是明显的视觉目标,而中心点是人们活动的中心。空间四周的小建筑物的布置和连贯性,决定了人们对中心点图像的形成能力。在城市规划时,应创造出新的、鲜明的景观,以激起人们对整个城市的想象。

(二) 城市景观的特征

1. 整体性

城市景观作为多种要素的复合体,应具备整体性,在长期的形成过程中逐步体现出一定的整体秩序。

2. 多元性

城市景观系统的复杂性、动态变化性以及人的不同需求,决定了它的多元性。从形式层面上的形状、色彩、比例、肌理等,到意象层面的要素边缘、区域、标识,再到意义层面上的文化含义,都呈现出丰富的多元景象。

3. 复合性

城市中既有自然景观又有人工景观,既有静态的硬体设施,又有动态的软体活动,城市景观表现为各要素的交织与融合。

4. 历时性

城市是历史的积淀,每个城市都有其自我演变的过程,它经历了人们的建设与改造,不同时代有不同的风貌产生。城市景观只是一个过程,没有最终结果,随着城市的发展而变化。

5. 地方性

每个城市都有其特定的自然地理环境,历史文化背景,以及特有的建筑形式与风格,共同构成了一个城市特有的景观。如重庆多山的地形地貌造就了重庆山城的景观轮廓;苏州多水的自然状况造就了河道纵横交错的水城景观。

6. 文化性

城市景观是一种精神世界的产物,反映了人们价值观念、思维方式的不同,具有深层的文化内涵。譬如,在中国,谈起京派文化,就会想起北京,北京的建筑、街道和广场,还有北京的板车,甚至是那京腔;谈起海派文化,就会想起上海的外滩、新天地、东方明珠,还有上海人精致的装束。

第二节 公共艺术的基本概念与多重特质

一、公共艺术的概念

(一)公共艺术的内涵

近几年来,"公共艺术"一词的使用率越来越高,在城市规划、建筑和艺术领域,以公共艺术为名义举办的展览、研讨和其他活动也越来越多,并引起广泛关注。

公共艺术"Public Art",包含了公共和艺术两个概念。

公共(Public)的意思是"共有的"或"市民的"。从这个意义上说,一切开放空间里能让人观赏、参与和使用的艺术品、艺术活动、艺术行为和艺术设施,都可以称为公共艺术。艺术(Art)的概念非常古老,而且其内涵一直处于变化中,理解也多种多样。

公共艺术是一个独立的创作和展示体系,在这个体系中,除了艺术活动的地点有变化外,服务对象也发生了改变。因此,我们可以说,当代公共艺术是大众的艺术。如图1-1加拿大温哥华斯坦利公园里的音乐雕塑。

图1-1 音乐雕塑

综合诸多观点,可知公共艺术离不开两个必要条件:一是公共空间,一是公众参与。其中,公众参与是核心条件,这就是说,有些作品尽管出现在公共空间中,却并非公共艺术。与此相反,能引起大众积极参与的作品,即便出现在虚拟空间中,也能成为公共艺术。如2005年4月第48届世界乒乓球锦标赛期间上海徐家汇商业区景观(图1-2)。

图1-2　商业区景观

我们可以将公共艺术的概念界定如下:公共艺术是以大众需求为前提的艺术创作活动,是在政府、部门及专业人员指导下开展的大众文化运动。它包含艺术创作、公共空间和大众参与三项要素,大众参与是其中的核心要素。广义的公共艺术,指私人、机构空间之外的一切艺术创作与环境美化活动;狭义的公共艺术,指设置在公共空间中能符合大众心意的视觉艺术。试图完整表述它是困难的,这里提出的定义也只是众多定义中的一种罢了。

(二)公共艺术与大众权力

公共艺术不是美学和艺术学概念,也不是形式和风格的概念,而是一个社会学概念。从社会学角度看,能影响公共艺术要素之一的,就是权力。

权力是一种强制性的社会支配力量。公共艺术是一种话语权,但这种话语权要受到政治权和经济权的制约和支配;创建公共艺术的过程,就是运用权力对社会成员进行控制和影响的过程。

掌握权力的人不但能够控制艺术品的生产与流通,还会通过对艺术品的收藏、鉴赏、评价、传播,使他们的情趣意志在超大范围内产生影响。当代公共艺术的理想之一,就是要将艺术从少数人把持的状态中解放出来,把创造和欣赏艺术的权力还给人民大众。如北京毛主席纪念堂前的人民英雄纪念雕塑和排队参观的人群(图1-3)。

图1-3　纪念雕塑和人群

大众权力，是指普通人应该具有的基本权力，如教育、住房、保险、交通、环境，等等。公共艺术所涉及的领域，正属于大众福利的一部分——和谐的公共生活和文化享受，"公共艺术开始逐步自觉地伴随着城市经济和公共环境等社会福利化建设而强调了艺术——为人民大众服务；为多元化的当代市民文化和社区生活服务。"

在公共艺术中，大众权力体现在两个方面：一个是享用艺术资源，一个是参与艺术生产。潘耀昌教授说："由于公共空间是许多问题交汇的地方，那里的艺术经常涉及政治、经济、文化、社会、环境、生态等方面的重要问题，也关系到城市或社区的战略，一般须经多方协商，由设计团队协作完成，综合着艺术家、设计师、建筑师、历史学家、环境心理学家、文化地理学家、景观设计师等的劳动，浸润在都市的批评语境中。因此，公共艺术能促进市民之间、官民之间的对话，拓展积极、民主的公共生活，提升公民的环境意识和审美素质。正因为如此，公共艺术符合社会的迫切需要，提供了一个重新定义我们时代艺术的机会。"（潘耀昌，2005）如下图所示为荷兰阿姆斯特丹街头的大众娱乐活动（图1-4）。

图1-4　街头娱乐活动

由于体制、观念、民众素养等多方面原因,在我国公共艺术实施过程中,大众权力容易被忽视。对此,美术批评家殷双喜有过精辟的分析,他认为与公共艺术有关的权力分三种:政府权力、公民权力和专家权力。"在这三种权力中,政府掌握强势权力,公民则掌握弱势权力,专家权力居中。"(潘耀昌,2005)从这个角度看,发展公共艺术的一个间接目标是为弱势群体争取权力,这是发展中国公共艺术的先决条件。与此相关,还要实现另外两种转变:一个是政府职能的转变,即从管理型向服务型转变;另一个是艺术家身份的转变,即由长久以来服务于权贵豪门向服务于大众转变。不言而喻,想在现实中完成这样的转变是很艰难的,必须要经过长期努力才行。如美国芝加哥密歇根大街和门罗大街拐角处的王冠喷泉,电视影像雕塑,雕塑中面孔图像经常变化,口中可以喷出水流,下边有浅水池(图1-5)。

图1-5 喷泉和电视影像雕塑

(三)城市与公共艺术

人是城市生活的主体,公共艺术是城市的艺术,与城市生活密切相关。上班工作、回家休息、去户外活动等,是大多数城市人生活轨迹的三部曲。在这三部曲中,只有户外空间是公共空间,这个空间可能是街道和广场,也可能是空地和绿地。在这些空间中,有各种各样的人物活动,也会发生各种各样或悲或喜的故事,正是这些纠缠聚集的生活内容,体现了城市生活的本质。虽然城市建设首先满足人们衣食住行的需要,但城市也是人类文化和世俗情感的集散地,它的真正魅力在于良好的生活设施和丰富的文化活动,只有这样才能对居住者和旅游者产生真正的吸引力。所以,在全球城市化的浪潮中,许多政府越来越重视文化艺术在城市建设中的作用。如具有中国风味的北京王府井小吃街入口处的牌楼门匾(图1-6)。

图1-6 牌楼门匾

伦敦是世界最发达的城市之一。伦敦市长在2003年2月公布了《伦敦:文化资本——市长文化战略草案》,提出伦敦要成为"世界卓越的创意和文化中心"和"世界级文化城市"。该市的文化目标有四个：一是卓越性，要强化作为世界一流文化城市的地位；二是创建性，把文化创建作为推动伦敦成功的核心；三是开创多种途径，确保所有伦敦人都有机会参与到城市文化中；四是效益，就是确保伦敦从它的文化资源中获得最大利益（杨荣斌，陈超，2004）。由此可知，所谓文化城市的建设目标之一，就是让文化成为城市建设的主导方向，而不仅仅是 GDP 产值。事实上，城市和乡村的区别不仅仅是楼房和商场的多和少，而是一种生存方式的区别。为什么生长在农村的人会向往城市？为什么许多人宁肯离乡背井也要进城打工？除了物质条件之外，良好的文化环境也是城市魅力所在。而在构筑城市吸引力的诸多要素中，公共艺术是其中重要的一项。

德国历史哲学家斯宾格勒说："一切伟大的文化都是市镇文化，这是一件结论性的事实……世界历史是市民的历史，这就是'世界历史'的真正标准，这种标准把它非常鲜明地同人类史区分开来了。民族、国家、政治、宗教，各种艺术以及各种科学，都以人类的一种重要现象——市镇为基础。"西方从最早的城市美丽运动（City Beautiful Movement）开始，就对城市文化建设和美学风格有所追求，现在几乎每一座欧洲的主要城市，都有承载历史文化的标志性建筑和公共艺术设施，公共艺术也因此被称为"城市名片"。维也纳的约翰·施特劳斯像（图1-7）、纽约的自由女神像（图1-8）、布鲁塞尔的"撒尿小孩"、哥本哈根的"美人鱼"（图1-9）等，成为这些城市的美学象征符号。1960年以来，随着公共艺术热潮的兴起，城市文化建设不但包括了巨大的建筑式构造，还包括了在过去不被重视的座椅、候车亭、路灯、路面装饰、绿植、水景，等等。现在，公共艺术已经成为各国城市建设中无所不在的项目，成为一片新兴的、有生命力的乐土。

图 1-7　施特劳斯雕像

图 1-8　自由女神像

第一章　城市景观与公共艺术基本理论

图 1-9　美人鱼雕塑

　　人是受环境影响的,城市一方面由人创造,另一方面又是制约和影响我们行为的环境实体。中国持续高速发展,也难以避免地带来了很多始料不及的问题。人均用地过大,奢侈浪费严重,建设性环境破坏,工作激烈竞争,使城市生活压力不断增大。资源紧缺,空间拥挤,交通条件不理想,使城市的物理环境变得很差;经济压力、工作状况和团体认可程度,使城市人的心理状态也十分紧张。因此,遏制建设速度过快而带来的城市化弊端,离不开创造休闲空间,提升城市中的文化含量,而公共艺术与建筑、服装、日用品和车辆一样,既是一种实用物品,也是人们适应环境的工具;发展公共艺术的实质,是为普通市民营造理想的生活环境(图 1-10)。

图 1-10 咖啡屋店面装饰

如果城市是一本书,公共艺术只是书中的插图和花边,它没有主导阅读的力量,但却能够增添美好的细节,让我们的心灵丰富而敏感。当我们走在巴黎、汉堡和伦敦的街道上时,谁能不为那既有传统气息又有现代风格的市容感动?在建成弗兰克·盖里设计的古根海姆博物馆(图 1-11)后,西班牙城市毕尔巴鄂的声誉也大大提高。该建筑以反叛的设计风格颠覆了全部经典建筑的美学原则,设计者弗兰克·盖里是世界顶级建筑师。这个博物馆使该城声誉大增,每年来毕尔巴鄂的参观者从 20 万增加到 100 万,工业净产值增长五倍,促进了当地经济的繁荣。

图 1-11 古根海姆博物馆

第一章　城市景观与公共艺术基本理论

面对舒适的城市环境,如整洁、美观、绿化、便利等,我们自然会产生由衷的欢喜;同样,当我们身处肮脏混乱、拥挤不堪甚至粗暴野蛮的公共环境时,又怎么能不产生厌恶和逃避的心情?

从上到下的疯狂"造城运动",给我们的城市提出太多亟待解决的问题。以人为本,为大众提供更多更好的休闲娱乐方式,创造自由、开放、健康的公共艺术,就成为今天城市建设中不可缺少的内容。北京规划委 2004 年作了一个城市雕塑普查,表明当时北京有城雕 1836 座,优良作品 1277 座,占总数的 70%;一般作品 544 座,占总数的 29%;比较差的作品有 15 座,只占总数的 1%(梁琦,2004)。如果这个统计所使用的判断标准是科学合理的,那么就可以说,虽然我国的公共艺术建设还在草创阶段,但北京的公共艺术已经达到了很高水准,可以对我国其他城市的公共艺术设置起到良好的带头作用(图 1-12)。

图 1-12　戏院门前

二、公共艺术的特质

(一)公共艺术的公共性

在已知有关公共艺术的讨论中,没有比"公共性"更能引发冲突和争论的。公共艺术设置应该强调公共性还是艺术性,公共艺术应该服从少数精英的意志还是多数百姓的需求,公共艺术究竟是以专业高度为价值还是一般市民都可以参与的文化普及活动,都是争论的焦点。

公共是相对于私密而言的,私密之外的所有领域都可以算作公共领域。公共场所是公共性的物质形态,但有公共场所并不等于有公共性,公共性除了场所和环境的含义,还包括公众自由进出、自由交换和接受信息等含义(孙振华,2004)。❶

在我国,公共性被认为是公共艺术的核心。如殷双喜先生所言,广义的公共艺术是以城市雕塑为代表的城市美化活动,狭义的公共艺术侧重公众对城市文化的参与和建设,是一种民主的艺术(殷双喜,2004)。陈岸瑛先生认为:"艺术的公共性,主要是指艺术创作对公众和社会所承担的责任,比如,启蒙,批判,沟通,美化生活,如此等等。而公共艺术,按一般的讲法,主要指放置在公共场所的艺术作品,如雕塑、绘画等。"(陈岸瑛,2005)可以说,公共艺术的"公共性",是指艺术要发挥社会作用,公共艺术要解决的既包括审美问题,也包括社会民主和大众权利问题。如位于上海静安区吴江路广电大厦前用彩色钢板制作的作品《喜行》(图1-13)。

---

❶ 孙振华先生曾言,"公共性的前提是对每一个个人的尊重;是对每一个社会个体独立的政治、经济、文化权利的肯定和尊重;是对每一个社会个体的自由思想和独立人格的肯定和尊重,没有这些前提将没有公共性可言,也没有公共艺术可言。"

第一章　城市景观与公共艺术基本理论

图 1-13　喜行

从操作层面上看，公共艺术是由公众、艺术家或建筑师以及投资方，针对特定的公共场地或共同关注的社会主题，相互沟通合作，共同创制艺术品或开展艺术活动的过程，这个过程本身就有公共合作的性质。英国艺术家凯利·莫里森（Kerry Morrison）在创作《Vimto 纪念碑》时，就经历了这样的合作过程。

Vimto（奔跑）是英国一种久负盛名的饮料，为在公司最初诞生地设立有标志作用的纪念碑，Vimto 公司拿出 15000 英镑为这个雕塑举行招标竞赛，招标只在当地的雕塑家中进行，有六个雕塑家通过初审。初审通过后，竞标者被要求制作更详细的模型和草图。这些模型和草图在曼彻斯特美术馆展出，公众被邀请前来观看和参与决策。而工作人员和曼彻斯特大学的学生记者，负责调查记录观众对六件模型的反应。1992 年 2 月凯利·莫里森设计的以 Vimto 瓶子为主体的模型被通过，这个设计中的瓶子和盘子以 1930 年的饮料招贴画为基础，出现在盘子上的水果和调料则代表了软饮料的秘密处方,这个创意建立在休·尼克斯(Sue Nicols)对软饮料历史的调查基础上(图1-14)。

图1-14 Vimto饮料纪念碑

一般说来,公共艺术的公共性主要表现在下列方面。

1. 场所开放

场所开放包括两个含义,一是公共艺术必须位于公共空间中,人员可自由观看和介入;二是公共艺术应该打破精英艺术与大众隔绝的状态。比如,2004年西班牙举办的公共艺术展览,题目就是"马德里不设防"。这个展览提出一个重要观念,就是任何形式的艺术活动,只要具备公开、公共的方式,都可以被视为公共艺术,参展的作品也就不限于雕塑或壁画,而是涵盖了工程建设项目、音乐演出、迁移计划、广告设计、时装和电视节目等领域(图1-15)。

第一章　城市景观与公共艺术基本理论

图 1-15　涂鸦作品

2. 大众参与

民众参与公共艺术创作活动,有利于促成公共艺术与社区生活的真正结合,也只有直接参与的方式,才能使民众有机会贡献自己的才智。民众的参与可通过公开决策过程和公开制作现场等方式完成。

"几年以前,台湾公共艺术的主流形态,大致上是把艺术品放置在公共场所,所谓的公共参与,不过是在设置前后开一场邀请民众参加的说明会或票选活动而已。但在最近两三年,'公共性'逐渐被重视、被强调,说明会、问卷调查、社区工作站、居民集体创作(艺术家成为沟通、协助的角色)……以公共性为诉求的设置方案已出现,这在十年前是无法想象的。"(倪再沁,2005)大众参与是公共艺术设置的最重要环节,这需要管理者和专业人员的努力,也需要全体市民的成长和成熟。

3. 平民主题

以往公共空间中的艺术作品,以纪念性和宣传性作品居多。在当代公共艺术创作中,强调和彰显平民主题是很重要的,公共艺术要承载大众理想,使用大众话语,凝聚大众意志,表达大众诉求。如挪威著名雕塑家古斯塔夫·维格兰(1875—1948)的雕塑作品。维格兰雕塑公园也被称为生命公园,位于奥斯陆城内,有192座雕像和650个浮雕。作品通过众多人体的组合变化表现人生各个阶段,深刻感人(图1-16)。

图1-16 《人生》雕塑局部

4. 通俗形式

通俗的形式就是明确易懂的形式。强调艺术的通俗性,如美国艺术家杰夫·昆斯(Jeff Koons),为了实现"沟通大众"的目标,他汲取了广告业、销售业和娱乐业的视觉表达方式,从流行文化中获得灵感(图1-17)。另一位雕塑家汤姆·奥特内斯(Tom Otterness)也认为,只要观众能读懂报纸上的文章,就能理解他的作品(图1-18)。这些艺术家如此创作,就是为了使作品能够在最广泛的意义上被阅读,一些当代艺术之所以要在博物馆、美术馆之外展出或陈列,也是要突破艺术被少数精英垄断的局面。

第一章 城市景观与公共艺术基本理论

图 1-17　杰夫·昆斯《粉红钻石》

图 1-18　奥特内斯《天使》

综上所述,可知公共艺术的创作,是将开放的场所、市民关心的话题和大众参与的行为,具体化为一种比较通俗易懂的艺术产品的过程。能表达上述认知或意向的任何艺术形式,都可以是公共艺术;而通过公共艺术活动抗衡强力话语力量的摆布,也是建立多元包容的市民社会的善举。

(二)公共艺术的场域性

场域(field)是布迪厄实践社会学的一个概念,指人的生命本体与其所伴随的场所的统一体,是一种环境属性,相当于我们常说的"生活圈"(2004)。此处借用这个概念,是为了说明公共艺术不但要营造一个物的场所,还要营造一个人的场所;境由心造,情随景生,是公共艺术的本质所在。

建筑设计理论家克里斯托夫·亚历山大(Christopher Alexander)认为,好的设计理论不是告诉人们如何设计空间,而是如何构造出人与空间的共同语言,促进人与人、人与环境的永恒对话(2002)。同样,场域的核心价值也不在于实体的存在,而在于它能激发社会生活的活力,这主要表现在以下几个方面。

1. 场域为人而设

场域是一个文化概念。当艺术创作不再以孤立的形式出现,而是通过融入环境形成作品与人的新关系。离开接受者,就没有艺术。不同人群的介入,使公共空间中充溢着不同的心智结构,艺术因此变化莫测,场域因此生动活泼。如深圳某学校欢迎外教宴会上的红灯笼装饰,形成浓郁热烈的欢乐情调,也有很强的民族气息(图1-19)。

2. 心灵空间的存在

现实空间形态可分为占有和未占有两类,占有空间即是物质实体的存在,比如建筑物或堆积物。但在另一种情况下,占有空间并不通过实体方式表现出来,比如互联网,就被称为虚拟空间。网络上的社群、聊天室和论坛,都是无形的公共场域。在这个意义上,人的心理存在和精神活动是构成空间的主要因素,也是公共艺术的主要因素。

图 1-19　红灯笼装饰

3. 综合多元思想

公共艺术可包括经济活动、习俗仪式、休闲娱乐等内容。大众参与这些活动对环境产生认同和依赖,即为公共精神的由来。不同的公共场所和区域,通常会凝聚比较固定的人群,并由此形成比较固定的文化氛围。因此公共精神必然关联多方位的心理活动,并非统一意志的体现。如德国慕尼黑停车场上的广告板(图1-20)。

4. 连接共同生活

美国大学教授罗萨琳·克劳丝认为,艺术实践与特定媒介无关,而与一系列文化词语的逻辑作用有关。任何媒介都可以被应用。即作品都可以在公共空间中产生意义,公共生活使各种艺术媒介活跃起来,由此带来有趣味的生活。❶

---

❶ 引自《国际城市公共空间艺术展部分作品展示》[EB/OL],国际建筑艺术网,http://news.aaart.com.cn,2004年9月30日。

图 1-20　停车场广告板

颜名宏先生认为:"在艺术进驻空间的诸多类型中,'场域互动'已经不单是作为公共艺术的可能性形式,今日甚至成为丈量'公共艺术'价值的核心指标。"(2005)以实物创造为起点,以容纳大众参与、心灵互动、场所认同和人群特色为内容,是公共艺术活动的价值所在。

(三)公共艺术的制度性

在 2004 年北京市政协的一次会议上,有政协委员提出:"北京市应设立城市雕塑设计问责制,并迅速将城雕垃圾清出北京。"据说,这些雕塑有的是为政绩工程而制作的,有的是抄袭或模仿之作,有的以政治标签代替艺术创造,还有一些是没有内涵的形式花样。造成这些垃圾雕塑的原因,是北京没有明确的城雕审批办法,没有对出资单位随意立项的情况作制度化的禁止和限制,因此政协委员们呼吁,北京应尽快建立城市雕塑设计问责以及立项审批渎职追究制度。❶

---

❶ 京城"垃圾雕塑":不得不面对的视觉污染[N],新华网,2004-6-29.

第一章 城市景观与公共艺术基本理论

很显然,这类问题不仅仅出现在北京,而是我国近年来城市建设中的普遍问题。邹文先生(2003)说:"各城市雨后春笋般涌现的公共艺术,大多发生于不同出资或出地人的需要。这意味着公共艺术的产生长期属民间自发行为。只要有钱有地,无须严格申报,均可决定名下门前出现雕塑、壁画。中、小型雕塑的立项权,几乎都在基层,如街道、社区、厂商、单位一级,分别建造的雕塑、壁画往往自说自话,主题、题材、体量、形式、风格要么重复,要么对立,或互相干扰,或断绝联系,没有级差、密度、和谐化的总体调控,显得分外杂乱、零散、无序。这种局面是城市建设中景观理想化的大忌。"孙振华先生也指出:"就当前中国的公共艺术而言,我们可以对它的现状挑出很多毛病,指出很多问题,但是最关键的是制度建设,即,在公共艺术的建设中,由人治转向法制;由拍脑袋走向程序化;由随意性的行为变成制度化的行为;这些应该是当前建设中国公共艺术的关键。"(刘亚东,2005)

因此,公共艺术的制度建设,需要有一个科学的管理程序,以保证大众权力的实施。如出现在大众娱乐活动中的政治人物玩偶像(图1-21)。

图1-21 政治人物玩偶像

在一些国家里，政府规定建筑或工程总经费中的一小部分要用在公共艺术上。如1982年美国纽约市议会通过的百分比艺术法令，规定该市各项公共工程计划中有百分之一的经费用于艺术品制作，在这个范围内的公共建设项目包括了图书馆、学校、医院、公园、法院、交通转运站、警察局、监狱、各类收容所、公共卫生设施，等等。目前全世界实施这个计划的国家有法国、美国、意大利、瑞典、德国、挪威、荷兰、瑞士、丹麦、日本，等等，其中丹麦的比例高达2%。除了这个资金保证制度之外，许多国家还为公共艺术事业的健康发展设计了比较完备的工作程序。

我国现行艺术管理制度不很完善，许多公共艺术不能遵循合理的程序进行；一些艺术家长期养成的自闭性创作习惯，也使公共艺术与大众拉开距离。在管理者、投资人、创作者都还缺乏公共意识的情况下，推进公共艺术活动的难度是很大的，所以有人发出"中国有公共艺术吗"的疑问。

发展公共艺术的前提条件是：一是建立比较完备的公共艺术管理制度，二是市民社会的相对成熟。我国目前还不能完全实现，这是因为，从制度建设的角度考虑，虽然欧美国家已有成规且能循例而行，但中国的特殊国情和文化背景，使我们很难完全套用西方现成经验。不同社会背景下，大众关心的问题和参与热情，也会有很大区别。这样，中国公共艺术作品所表现出来的时代精神和艺术特征，也会因时、因地、因人而不同。如现在北京公共艺术中有不少旧式市井人物的雕像，图1-22是一件表现当代人物的雕塑作品，但身后还站了一个穿马褂、拿线装书的人。由此可知，我国的公共艺术事业必然要走一条有自身特色的道路。

第一章　城市景观与公共艺术基本理论

图 1-22　北京皇城根公园雕塑

第三节　城市中的公共艺术发展脉络

一、市民社会的形成

公共艺术是大众以个体身份参与的社会性活动,只有市民社会才具有这样的条件,市民社会是公共艺术存在的基础。如果普通市民不能以个体身份成为社会生活的主人,那么发展公共艺术就成了一句空话。

市民社会是一个西方概念,它的英文是 Civil Society,在中文里可译作"公民社会""文明社会""民间社会"。不同的社会学理论对市民社会有不同的解释,一般地说,市民社会是一种相对独立于政治的、相对自治的社会生活空间。《布莱克维尔政治学百科全书》中说,市民社会是"国家控制之外的社会和经济安排、规则、制度",是"当代社会秩序中的非政治领域"。这也就是说,市民社会属于私人自治领域,是国家不能直接干预的领域。

最早的市民社会可以追溯到 2500 年前的古希腊,那是一个众多城市集合而成的国家。古希腊有 200 多个城市,每一个城市可以自行管理自己的事物,领导人由市民选举产生,一切制度化政体都建立在市民意愿的基础上。这样可保障市民的政治与社会权利,积极参与政治生活也自然成为希腊市民的正常生活方式,一个以政治生活为纽带的社会公共领域也由此形成。如图 1-23 将一块石头打磨后置放街头,美学效果简洁而自然。

图 1-23 日本东京《试金石》

古罗马人延续希腊文明体系,继承和发展了希腊市民社会的理念。罗马人在日常生活中享有某些基本权利和自由,这成为后来欧洲个人自由和权利观念的基础。英语中的许多政治和社会方面的词语都从拉丁文而来,比如,Civil(公民)和 Society(社会)。这些词语有一个共同的意思,就是具有共同利益的群体,这也是西方语言中"社会"的含义。

公元 1 世纪,古罗马的西塞罗在《论国家》和《论法律》中,首次运用"市民社会"一词,指"已发达到出现城市的文明政治共同体的生活状况。这些共同体有自己的法典(民法),有一定程度的礼仪和都市特性、市民合作及依据民法生活并受其调整以及'城市生活'和'商业艺术'的优雅情致。"❶尽管古希腊、罗马的

---

❶ [英]戴维·米勒,韦农·波格丹诺.布莱克维尔政治学百科全书[M].北京:中国政法大学出版社,1992.

民主权利不包括妇女、穷人、奴隶和外国人,但当时已提出公民权概念,这意味着,市民要通过自己的努力去创造幸福,而不是像古代许多东方社会那样,大众被动地将自己的命运交给统治者摆布。

欧洲中世纪虽然是教会统治,但 10 世纪以后,早期的商人们为了追求个人利益的最大化,开始通过契约方法结成新的社会共同体,如公司、企业或行会(日本至今仍把公司叫作"会社"),并通过交换、转让等方式逐步获得城市自治权利。"城市的空气使人自由"(日耳曼谚语),独立自主的市民精神开始出现,后来的文艺复兴运动就是在这个基础上取得成功的。

英国工业革命以后,城市化进程加快,由商业主导的现代城市的发展,"代表西方历史上的一个革命的转折点——给予西方历史独一无二的和奇特的个性。一切后来的发展包括工业革命和它的产物,其根源都可以追溯到中世纪时代的城市发展"(奇波拉,1988)。在工业革命后的城市中,普遍实行代议制政体,民选产生政府官员,城市的人文自然因素在选区的划分中起了很大作用。

与西方社会相比,中国古今都没有成熟形态的市民社会,无法像西方社会那样,在历史中自发地形成完善的城市自治制度和市民独立精神。因此,当代中国市民社会的建立必然是一个自觉奋斗的过程(图 1-24)。

如果大众不具备完整独立的人格意识,没有参与公共事务的权利,那么所谓公共艺术,也就只能作为生活里的点缀物和装饰品,而不可能成为社会公共精神的载体。肤浅的艺术可以悦目,深刻的艺术才能赏心。尽管我们很难在公共艺术与环境艺术之间划分出清晰的界限,但好的公共艺术作品一定不止于装饰美化,会反映出健全的市民精神和社会思想。比如在我国城乡到处可见的石狮子,不正是古代中国人崇尚威武勇猛的精神象征吗(图 1-25)?

图 1-24　北京奥运会倒计时钟

图 1-25　天安门前的石狮子

当然，艺术只是艺术，它不是改造社会的利器，也不是建设市民社会的主要手段，它至多能以形象方式表达大众的审美情趣和愿望。况且，从目前实际情况看，中国公共艺术的发生和发展，主要还依赖于政府规划、企业投资和艺术家的闭门创造，社区居民和大众团体的参与度还十分弱小，这是社会历史条件的局限（图1-26）。也唯其如此，在中国发展公共艺术才更有现实意义。我们有理由相信，中国的公共艺术事业会与公民社会的建设同步，它的历史进程会构成社会整体改革的一部分，不断涌现的平民化、民主化和福利化的公共艺术，必然是我国现阶段社会政治和经济运作模式的完美结果之一。

图1-26　打伞绅士

二、公共空间的演变

什么是公共空间？即有机构管理但大众可以自由进出的地方。如城市街道、广场、草地、喷泉、建筑的公用区域等。市民社会离不开公共空间，因为首先需要有一块地方，才能使大家在一起相互交流。

公共空间的建设,体现了市民参与公共事务的可能性。从原则上说,公共空间为广大公众所有,这通常体现在两个方面:一是与机构化的权力空间和个人化的私密空间相区别;二是指公开和共享,公开是对所有人开放,共享是说这个开放是无条件的(免费,非预约)(图1-27)。这说明,任何人都可以进入公共空间,不需要支付费用或批准。但在实际情况中,衣冠不整就可能被某些公共场合的工作人员所阻拦;没有请示报告就不允许人数较多的人在一起;一些比较舒适便捷的公共设施,比如公园里的座椅,也会杜绝旅游者或流浪汉露宿。从这个角度上看,完全自由的公共空间是不存在的。一般地说,公共空间主要用于聚会、市场和交通出行,而不提供个体任意享用的条件,个人露宿街头通常会被视为公共空间中的不和谐因素,甚至还会让人联想到非法勾当。

图1-27　法国里尔《香格里拉的郁金香》

宋代张择端的《清明上河图》记录了古代公共空间中的商贸活动情况,其人来人往、热闹非凡的景象足以让今人感叹。西方古代的城市广场,则是统治者发布政令、举行仪式、传承教化和彰显权威的地方,同时也容纳了民众的信息交流和思想创造(哈贝马斯,1999)。

公共空间的意义在于,它属于市民,如纽约时代广场。也就是说,公共空间的意义不只是地理面积,而是包括政治权利、文化精神和生活情趣;独特的文化氛围和自由民主精神,是吸引人们置身其中的根本原因(图 1-28)。

图 1-28　美国纽约时代广场

建筑意义上的城市或广场往往只是框架和容器,人间交往的自由、丰富和多样,才使空间有了生命(黑川纪章,2004)。因此,城市公共空间不但指环境空间,也指精神和文化空间,其形态与使用频率是判断市民生活优劣良善的一个价值尺度。如深圳大梅沙海滨公园里的雕塑作品《长翅膀的巨人》(图 1-29)。

中国古代城市的空间封闭压抑,城墙和院落的形制,都是阻断式、包围式的,轻易不对外公开,更不能与人共享;严密的等级制度,彻底消除了大众参与行政决策和公共事务的可能。在古代社会里,或许只有乡村的戏台、祠堂、集市和村头,才能有人群聚集和信息交流活动,但这种交流多是私人话题而远离公共指向,所以不能形成有价值的公共舆论,也使中国大众对公共事务历来比较冷漠。虽然 20 世纪曾数次出现过学生、工人和其他爱国市民在城市广场上集结呐喊的场面,但这只是特殊历史条件下的奇观,而并非中国城市公共空间的常态。在更多的时候,人们对公共空间的理解,仍然是偏重于场面效果而非个人认同感,更缺少对普通人的关爱和尊重。我国许多城市广场,过于偏重教化和宣传功能,忽略或不提供有利于大众交往互动的条件,比如一些特大广场中不设置座椅,也不栽种树木。如位于沈阳市和平区的红旗广场雕塑。据说是全国唯一保存最完整的建于"文化大革命"时期的广场雕塑,记录了那个特殊时代的喧嚣气息(图1-30)。即便是今天,进入不同空间也是不同身份的标志:装饰豪华的商场,对富人来说是购物的天堂,对穷人来说会增加生活压力;铺天盖地的广告板,对商家来说是产品推销展,对市民来说是环境污染源。

图1-29 《长翅膀的巨人》

图1-30 红旗广场雕塑

第一章　城市景观与公共艺术基本理论

新技术革命已经极大地改变了我们的生活,如今我们在街道和广场上散步,主要是为了休闲,而不是为了群体聚会或议论公共事务,这样,城市公共空间也发生了功能变化。比如,超大规模的广场少了,小型实用的街心花园多了;领导发号施令的高音喇叭少了,百姓休息健身的公共设施多了;整齐划一的标语口号少了,新颖奇特的广告媒介多了,等等。如柏林市内有一组雕塑,主题分别是阿司匹林药片、阿迪达斯足球鞋、汽车、音符和一摞书籍。分别代表德国对世界的几大贡献。图中书籍雕塑位于洪堡大学正门前,书脊上是德国历代思想大师的名字,雕塑的解说词则是"Germany the land of ideas",有舍我其谁的气势(图1-31)。但在另一方面,我们也不能不看到,政治和经济上的功利主义意识,导致我们的城市空间屡遭破坏:很多城市广场和街区被翻来覆去地改造,一些原本用来休闲的空地被商场和政府机关侵占,自然生长的植物区变成了不准市民亲近的异国草坪,还有那些超豪华的景观广场和世纪大道,更与普通民众的实际需求越来越远。

图 1-31　经典书籍

在城市空地被政府机构和商业集团掌控的时代里,无论是公共空间,还是放置在这个空间中的艺术品,大众都没有能力去改变。因此,当决策者和艺术家们打算为公共空间添置作品的时候,首先应该对此种用途优于它种用途做出切实的判断。这里,我们必须强调一个最基本的事实,即对当代城市生活而言,在更多情况下,空间本身的用途才是最重要的。如位于英格兰北部泰恩河岸边的肥肥屋,该建筑是一个银行,图 1-32 所示为建筑背后,造型十分奇特,是否隐喻膨胀和发达?

图 1-32　肥肥屋

三、公共艺术的成长

历史上出现在公共空间中的艺术品,体量最巨者都产生于神权和君权至上时代,尤其是那些倾国家之力修造的大型建筑和雕刻,更以其高大雄伟的样式,成为公共环境和大众精神生活中的现实存在物,有时候,还能成为大众顶礼膜拜的对象。

古埃及的金字塔,两河流域的宗教建筑和雕刻,中国古代石窟寺艺术,都有着传播信仰、凝聚信徒的作用。在欧洲中世纪,基督教美术也是最早出自一些名不见经传的基督徒之手,他们为创造宗教形象,甚至不惜与当时的统治者对抗。但随着历史的延伸,以及众多信徒的热切参与和长期历史积淀,宗教艺术中的许多形象,已经转化为永久性的大众文化符号,并作为一种有感召力的公共形象,在人类社会生活中发挥着长久的教化与审美作用(图 1-33)。

图 1-33 德国杜塞尔多夫的古代女神雕像

古代艺术可以通过转化的方式,使原本不是为大众创作的艺术,成为当代大众文化的资源和现成品,越是位于公共空间中的大型作品,转化的可能性就越大。金字塔是古埃及法老的作品,万里长城是秦始皇的作品,云冈石窟是北魏孝文帝的作品,现在成了大众旅游点。"旧时王谢堂前燕,飞入寻常百姓家",历史如同一个巨大的转换器,可以变陈腐神像为当代文化偶像,也可以变贵族艺术为大众享用。如古代建筑和雕刻皆为体现等级而设置,图 1-34 所示的为北京故宫里雕刻着九条龙的御道,在过去只供皇帝专用,现在为了保护文物,不许游客使用。但这并不意味金字塔和长城就是古代公共艺术。中国古代的公共艺术出现在民间,包括宗教艺术和民间艺术两部分,都是传统社会里大众信仰和习俗的表现。宗教艺术因信众广泛而遍布中国城乡,其中一些神佛塑像、装饰纹样因长期历史演化,已经成为固定的大众观赏对象;民间艺术则是地道的本土公共艺术,流行于农村的剪纸与窗花,节日庆典中的社火集会和扭大秧歌,都是古代农村公共生活中最为奇妙的艺术活动(图 1-35)。

图 1-34　故宫里的浮雕御道

图 1-35　北京街头待售的风筝

当代公共艺术起源于美国 20 世纪 30 年代经济大萧条时期。总统罗斯福推行新政,以振兴公共事业,当代公共艺术由此产生。

第一章 城市景观与公共艺术基本理论

1954年美国最高法院宣告：在国家建设层面上应该实质与精神兼顾，要注重美学，创造更宏观的福利。后来美国总统肯尼迪制定了"联邦建筑指导原则"❶。这就意味着，当代公共艺术既能美化城市，还能给艺术家提供就业机会。

20世纪60年代波普艺术的出现，带来了公共艺术的进步。波普艺术对大众美感的追求，从根本上摧毁了现代主义艺术的价值体系，开创了与大众共同创造艺术的新时代（图1-36）。

图1-36 泰国曼谷街头的波普艺术雕塑

费城在1959年立法通过"百分比艺术法案"（Percent for art Program），内容是各地在修建新建筑时，必须从建筑预算中保留百分之一的经费，用于建筑装饰和美术制作。这就使得现代美术迅速进入公共空间，也为艺术家提供了很好的市场机会，同时这也进一步推进了艺术的多元演进❷。此后西方各国都援例而行，

---

❶ "联邦建筑指导原则"：(1)以优良的设计，具体表现美国当代建筑思潮；(2)革除官僚作风，以精图或其他方式鼓舞专业创作；(3)景观与土地开发务必配合环境。见：黄建敏. 美国公众艺术[M]. 台北：台北台湾艺术家出版社，1992.

❷ 朱惠芬. 游戏组曲——装置公共艺术[J]. 台湾典藏艺术家庭公司，2015(03).

并相继出台了相应的计划,同时,许多国家还推行都市重建计划,更是促进了公共艺术的普及和发展。如荷兰阿姆斯特丹博物馆广场,这里收藏有伦勃朗等17世纪荷兰名家作品的国立博物馆,有收藏梵·高作品居世界第一位的国立梵·高博物馆,还有收藏高更、毕加索及其他印象派画家作品的现代艺术市立博物馆。国家音乐厅也设在这里。

图 1-37　阿姆斯特丹的字母雕塑

20世纪70年代以后,德国艺术家博伊斯(Joseph Beuys)提出"扩张的艺术"概念,将艺术发展成一种由物及人、不受任何形式限制的社会活动。比如"他用非常的方法占领杜塞尔多夫美术学院教务处,以换取所有报考学生的录取资格,结果导致自己被开除。此事成为七十年代世界文化界最引人关注的事件,由于八方声援,使之得以复职,乘着学生为他特制的独木舟横渡莱茵河凯旋。"(朱青生,2005)此类事件也被其纳入当代公共艺术范围。

在改革开放之后,我国公共艺术获得了很好的发展机遇,作品如雨后春笋般出现。这是因为:"第一,改革开放极大地促进了经济的发展和城市的发展,这就为公共艺术的发展创造了好的环境。第二,伴随着社会生活水平的不断提升,一个公民化的社会正在形成,民众对如何在公共空间里放置艺术品拥有发言权。"(鲁虹,2004)

第二章 城市公共设计的形态构成

材料是公共艺术的骨架,造型和结构形式是公共艺术的内容和灵魂,而色彩是赋予其生命活力的血脉,四者的有机结合才可能构成完美的公共艺术。在设计中无论是表现历史题材,还是表现现代内容,无论是表现乡土特色还是表现科技化的都市气息,无论是以写实的手法,还是写意或变形的形式,都会联系到形态构成中这四个最基本的语言要素,所以研究公共艺术的方法,需要从整体的和基本的形态构成着手。

第一节 城市公共艺术设计的造型与结构

一、公共艺术的造型

公共艺术的造型是一个非常复杂的问题,因其种类繁多,且因创作风格、意识观念、形式制作等方面的因素而有所差别,所以,我们很难用一定的带有标准性质的形式将它们规范起来。在这里,将提供给大家一条认识公共艺术之造型的线索。

与其他艺术的造型一样,公共艺术的造型同样具有具象和抽象两种基本形式,古今中外皆无不如此,无论使其平面化或使其立体化亦莫过如此,只是在具体的设计行为中根据自身之需要或外在之条件而有所变化和区别。

公共艺术与一般所谓纯艺术的最大区别在于它的非孤立存

在性,即不可独断专行,而必须与建筑本身之功能及整体景观环境之需要紧密地联系在一起,同时兼顾到对于材料及其工艺制作方面的重视,抛开这些具体问题便无法真正理解公共艺术,更枉谈做好这方面的设计工作。

(一)具象造型

具象造型有写实与变形之分,通常我们将那种再现性的,即如实地反映客观事物现实状态的描写,称为写实,而将那种非再现性的,即在保持事物基本特征的前提下,人为的同时又超常规的对造型进行夸张变化的描写,称为变形。其实此两种分别也是相对而言,正如原中央工艺美院副院长,美术及工艺美术教育家庞薰琹先生所言:"在我国装饰画上,没有不写实的变形,也没有不变形的写实。"庞先生的这句话虽有所特指,但它同样适用于整个世界性的公共艺术乃至其他形式的造型艺术。

关于变形,在有的专业书籍里面被称为"意象",这也未尝不可。变形或意象是借助于写实与抽象之间的一种造型方式,它在很大程度上具有抽象的因素,但绝非抽象的造型。

1. 写实

在传统的造型艺术行为中,我国的造型写实手法与西方国家略有不同,西方国家的写实手法趋于科学,我国的写实手法趋于文学,故先天具有一种人文的性质,是写意的写实,其中也反映出中华民族所具有的高超智慧和超自然的自在。而我们现在所认识到的写实在观念上是受西方影响的,例如针对解剖学的认识和研究,对于光与色、光与影以及发生于空间中的结构和透视等所谓科学化的研究和重视,所以,目前反映在我国现代公共艺术中以写实手法为造型形式的作品,大多综合了这些方面的研究因素。

第二章　城市公共设计的形态构成

图 2-1　现代写实作品

公共艺术中以完全写实手法为表现方式的作品无论中外古今都有出现,以雕塑作品为多,如不同材料的圆雕、浮雕(包括以壁画形式出现的浮雕和建筑构件上的浮雕等)、透雕以及中国传统建筑中的彩塑等。壁画要兼顾到建筑(墙体)本身的完整性,所以采用者相对较少(一般是在写实的基础上,采用使造型平面化、变化色彩并使其秩序化等方式来减弱写实感,增强装饰感)。除非特别之需要,譬如欧洲文艺复兴时期的教堂壁画大都采用写实的造型手法,以加强宗教观念中所需要的真实感。其他方面的公共艺术则较少采用写实的手法。

2. 变形或意象

对造型进行变形或意象化的处理是装饰形式艺术的共同特点之一,同时也是公共艺术中普遍采用的一个非常重要的艺术形式和内容,是公共艺术的主要特征。庞薰琹先生在他的《中国历代装饰画研究》一书中说:"变是为了取得画面上的协调。变是为了求得更美好的艺术效果。变往往是更典型的描写,和更概括的表现。变是为了在画面上起突起、衬托或配合的作用。变是为了适应画面空间的限制。变是为了适应制作条件的要求。变也是求简的艺术手法。"在此基础上再补充两点,在公共艺术中,变是为了更好地适合于材料的特性及其工艺制作,变也是为了更好地适应建筑功能以及整体景观环境的要求,使之最终达到与建筑以及人文景观环境的完美统一。

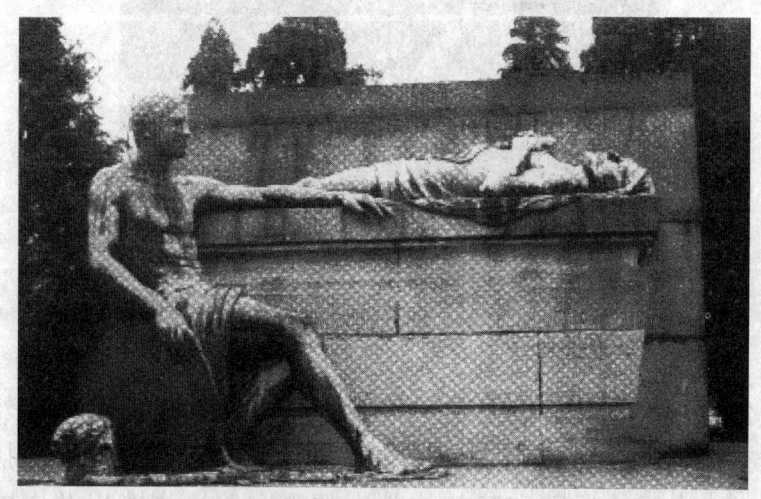

图 2-2　比利时的公共艺术

图 2-3　亨利·摩尔《国王与王后》

第二章 城市公共设计的形态构成

在中西造型艺术中实际存在着两条发展路线。一条是西方国家的沿着所谓科学化的轨迹发展起来的路线,这条路线发展到 20 世纪初期最终导致出构成体系的出现,并进一步影响了后来世界众多国家的艺术特别是设计领域的发展。另一条是建立在东方(中国)传统文化思想基础上的发展路线(图 2-4),这条路线随着西方国家经济等方面的高速发展和造型艺术构成体系的出现而受到影响,在我国现代公共艺术中,对于变形的认识和运用,大多是综合了西方国家的所谓构成体系与其他种种西方现代艺术思维理念,这与我国传统的以装饰纹样为基础的公共艺术有所不同,所以,学习公共艺术,我们必须首先要了解其发展脉络,熟知发生在不同时期不同国度的不同的表现方法,以备今日之利用。若想深入了解我国传统公共艺术之精华,并且古为今用,还是要从我国传统的装饰纹样(图案)入手,这是打开这扇大门的钥匙。

图 2-4　北魏《九色鹿本生》(局部)

变形问题其实是今人所思,强立名目,于古人本无变形与不变形的问题,完全自然而然。中国之装饰造型最早是表现在纹样上,而中国的传统纹样是与文字之创造思维一脉相承,乃劳动人民在生产实践中观察到的自然形象加工而成,有象形、象事、象意(寓意)等方法。中国传统素来以简为美,故在作文上力求简明扼要,造型艺术也多在夸张变形上下功夫,以将自然现象描绘成简易明白通晓的形象,并具有鲜明和富有生趣的艺术特征。

在平面形式的结构形态上,我国传统纹样大致可分为单独纹样和连续纹样两种形式,并在不同时期呈现出各自丰富的内容。如在单独纹样中的太极、同形、一整二破等。连续纹样如二方连续和四方连续等。在立体造型中,中国的公共艺术有很多是趋于变形的造型,其变形之思路与纹样之变化如出一辙。

我国传统纹样有求大、求活、求美和求全的特点。求大是取自羊大(即《说文》中"美"字之由来),反映中国人最为原始的审美意识。中国人素来注重对于大的事物的赞美,凡大则美则伟,凡小则丑则弱,求活则以装饰方式为假借,通过直白的或隐喻的表现手法,坦诚地反映出人们对于生殖、生命的真挚向往和渴求,是对生命活力的礼赞。求美则表达出人与生俱来的爱美和求美心理,故在行为上敢于大胆夸张,不择手段。求全是中华民族所特有的对于生命和宇宙观的认识,在具体的装饰行为上以古代的太极阴阳哲学为基本,讲究对称偶数、动静结合、黑白相守和完整圆满等观念,赋予作品以平和、完美与吉祥的艺术特征。

图 2-5 布朗库西《吻》

在现代造型艺术中,我国的现代公共艺术造型目前是呈现出一种综合的发展趋势,即中国传统造型与西方构成及 19 世纪以后的西方种种现代文化思维理念的综合。这种趋势实际上在一个侧面也反映了世界性的造型发展,因为当今的西方也在不同程度地综合东方的文化理念。

在具体的运用中,在把握现代公共艺术造型的变形问题上,至少要从以下三个方面进行学习和研究。

(1) 简化方式

简化并非简单化,并非单调,而是通过净化提纯的方法,将复杂或繁复走向朴素、简洁和单纯,使可视之物更具有典型性,更精美,并使主题更突出。简化是一种丰富的蕴藏,是具有更高境界的艺术表现形式。在公共艺术中,无论古今或中外,采用简化的变形方式进行造型的例子有很多。

(2) 臆想夸张方式

臆想夸张是装饰造型中最为常用的变形方式。臆想夸张是设计者根据个人的生活经历和心理状态以及对于民族风俗等方面所引起的联想或潜意识活动,赋予造型具有比喻、暗示和象征的特征,并进一步通过夸张的变形方式强化造型语言,使造型更具特点,更具装饰性和趣味性。

图 2-6　迪安底列亚《布鲁内特坐像》

(3)重构方式

在设计中,我们可以根据设计需要将自然物象通过联想组合、打散重组、互参造型、共用造型以及透叠等重构方式进行变形处理,以达到丰富公共艺术装饰特点和美化造型的目的。

图 2-7　美国华盛顿雕塑公园公共艺术

(二)抽象造型

在具象的变形造型中蕴藏着抽象的成分,但却不可称之为抽象造型。抽象造型是指非再现性的不具体反映客观实物的造型,是对造型元素点、线、面和体的综合创造。抽象造型是进入 20 世纪后出现的以造型语言的以自律性为依据的造型方式,它的依据通常来自两个方面:一是来自于对客观世界偶然的感受或感想,我们称之为偶发性抽象造型。二是依据造型法则,将具有独立表现力的造型要素点、线、面、体进行组合设计,我们称之为构成性抽象造型。

1. 偶发性抽象造型

在现实生活中,艺术家往往受到客观物象某种潜在因素的刺激或影响而激发出对创造出新的抽象样式的联想,这种联想甚至

第二章 城市公共设计的形态构成

连创作者本人也难以解释,仿佛是从自身创作思维的深处自然迸发出来的。譬如对于某种运动轨迹的抽象记录,对宏观的乃至微观的景象以及对于抽象名词的解释,等等。偶发性抽象造型带有很大程度的随机性,同时也会因为创作者本身的情绪和个性特征等因素而表现出极端个人化的倾向,所以,在公共艺术中一般较少采用。

2. 构成性抽象造型

构成性抽象造型是目前世界范围内的在以抽象方式进行的公共艺术中普遍采用的,一方面,它可以摆脱自然物象的束缚,根据造型语言的自律性来结构造型样式,另一方面,它可以将造型元素按照一定的形式法则,并结合景观功能和整体特征展开综合性的设计创造,使其在个性的前提下具有共性的特征。

图 2-8 公共艺术 保加利亚

(三)点、线、面和体的个性

在公共艺术中,无论具象、意象或抽象都离不开点、线、面和体,它们是构成平面以及立体造型的基本元素。点、线、面、体都具有各自的特征,在具体的公共艺术中它们相互联系并展示出不同的视觉效果。

点是一个相对的概念,有大小和形状的差异,当它起到点的作用的时候,无论具有怎样的差异都可以把它视为点,同样的点在不同的环境中会转化成不同的概念,如在大的环境中是点,而在小的环境中就可能被人当作面或体来看待。点往往成为人们视觉的中心,是造型形态中精彩之所在。

点的移动即成线,这条线可能是连续的,也可能是断断续续的,线有宽窄、粗细和曲直之分,有一定的长度,无长度便不可称为线。线有实线也有虚线。线具有极其丰富的表情性,中国的艺术家最善于用线来造型,在众多的洞窟壁画中,在中国的书法、绘画、雕塑和民间美术中,我们随处可见运用线的精妙,人们崇拜东方(中国)艺术,实际上在很大程度上是崇拜那变化万千、出神入化的线的艺术。譬如康得曾言:"线条比色彩更具有审美性质"。马蒂斯也曾经说:"如果线条是诉诸心灵,色彩是诉诸感情,那你就应该先画线条,等到心灵得到磨炼以后才能够把色彩引向一条合乎理性的道路"。在西方国家的公共艺术作品中,也有很多是运用线来造型的,同时能够充分发挥线条的丰富表现力。在线的运用上,可有轻重缓急、疾涩虚实、强弱顿挫、粗细转折等各种变化,并且不同状态的线及安排,也能够表现出气韵和节奏韵律。

线沿着不同方向的发展即成面,面具有长、宽二度的空间形态,但无一定意义上的厚度。其形态的变化都会给人带来不同的视觉感受。体是在面的基础上加上了厚度的概念,使其具有长、宽和深度的空间形态。体具有重量感,不同的体的形态同样也会给人带来不同的视觉感受。

总之,点、线、面、体在公共艺术中是随时都会被运用到的,只有充分把握和综合地运用好这些造型元素中的个性特征,才有可能创作出优秀的公共艺术作品。

第二章 城市公共设计的形态构成

图 2-9 公共艺术 法兰克福

图 2-10 《上升》克莱门特·米德摩尔

图 2-11 《世纪风》景育民

图 2-12 永乐宫壁画(局部)

第二章　城市公共设计的形态构成

二、公共艺术的结构形式

公共艺术的结构形式可以从两个方面来考虑,一个方面是平面的结构形式,我们称之为构图。另一个方面是立体的结构形式。

(一)平面结构形式(构图)

1. 平面装饰构图中的透视变化

在公共艺术中,平面装饰构图的透视一般是被淡化的,有的甚至完全凭自己的主观想象和自身条件结构画面。这是建筑本身的功能性给其装饰带来的制约,因为过强或过于科学化的透视关系会对建筑本身造成不同程度的破坏(除特殊需要的例外),但是尽管如此,在一些形式的装饰构图中透视仍能发挥一定的作用,我们可以通过某种巧妙的方式规范这些透视,使其更具设计和建筑功能的需要,营造出舒适的视觉感受。平面装饰构图的透视有焦点透视、散点透视、环形透视等样式,其中焦点透视在装饰中较少采用,其利害关系在前面已经说过,一般是根据建筑功能和设计的需要并在特定的环境中采用。

散点透视是公共艺术在平面装饰构图中普遍采用的透视方式,我国传统公共艺术基本上是采用这种散点的透视方法(图 2-13)。散点透视具有很强的灵活性,同时可以根据作品的尺度变化、环境特征自由地控制画面的安排。

环形透视也是采取散点透视的方法,不同的是,环形透视是将具有不同环视方向的物象保持其原有的方向表现在画面之中,给人以活泼自由的视觉感受。

2. 形的适合

在公共艺术中,形的适合是一个比较突出的问题,它主要反映在两个方面。一方面,建筑中可用于装饰的区域往往是不规则的,为了做好装饰,体现出装饰与建筑整体设计的完整性,公共艺术往往需要在形的适合上做文章。另一方面,在作品本身的构图中也需要体现形的完整性,为此,在处理形与形之间的关系时,往往根据某一形的外轮廓去创造另外一个形,使形与形之间相互适合,并在形与形的相互错让和调节中合理地利用空间,使物象的完整性得以充分地表现(图 2-14)。

图 2-13 《西方净土变》敦煌壁画

图 2-14 《舞蹈》马蒂斯

在形的适合的基础上进行大胆的发挥,会得出另一种方式,即共用形的方式。我们可以将某一轮廓线、点、面成为两个或两个以上形体的共用的形,使其相互依存又相互制约,以独特的形

第二章 城市公共设计的形态构成

式充分展示公共艺术所具有的丰富的艺术表现力。这种共用形的方式同样可以利用到立体结构形式中。

3. 形的重复

在公共艺术中,为了取得和谐的装饰效果,往往运用一种或多种重复的形来结构画面(这种重复的行为在立体结构形式中也时有发生)。重复是公共艺术的重要特征之一。重复可以带来很强的装饰效果,同时,重复的方法不同给人的视觉效果也不同。形的重复有两种:一种是相同形的重复,另一种是近似形的重复。在结构形式上,可以按照设计要求在充分体现秩序的前提下自由地运用形的重复,譬如左右、上下、环形以及不同方位的重复,也可以运用渐变的形式进行重复的安排。

图 2-15 《屏风》让·杜囊

4. 形的层次

与一般写实性绘画不同,公共艺术在处理形的层次上大多不采用透视、明暗、虚实等方式,而是根据自身的装饰特点,在追求平面化的基础上通过形状的大小、重叠的前后等方式来处理形的层次关系。

5. 图与底的关系

图与底的关系问题是平面乃至立体结构形式中一个重要的问题，它直接影响公共艺术的整体效果。中国画以及书法自古就重视图与底、实与虚的关系，有所谓即白当黑或即黑当白之说。雕塑大师亨利·摩尔也非常注重对于实体与空间之间的形的关系。平面装饰的图与底的关系一般表现为三个方面：其一是白（浅色）底黑（重色）纹，即在白或浅颜色的底子上描绘黑色或重色的图形。其二是黑底白纹，是与前者相反的形式。其三是图底互换，即不采取固定的图底关系，而是根据设计意图采取互换图底的手法自由地调节二者的关系（图 2-16）。

图 2-16 《摇篮曲》 蒋铁峰

（二）立体结构形式

立体结构形式与平面在很大程度上有共同性，换句话说立体结构形式并没有脱离对于点、线、面在结构形式上的控制。立体结构形式不仅需要在一定程度上充分尊重平面结构形式的一般规律和形式法则，同时更需要对其所依附的载体性能特征和建筑以及景观环境特征相适应。不仅如此，立体造型所具有的三维空间特征要求我们在其结构形式上要倍加注重对于材料特性、制作工艺以及力学等方面的研究和运用(图 2-17)。

图 2-17 《连续》M. 比尔

在现代公共艺术中,立体造型的结构形式非常注重对于立体构成的研究,特别是在以意象或抽象为表现形式的造型中更加明显。

第二节 城市公共艺术设计的材料应用

材料在公共艺术中占据着极其重要的位置,公共艺术是建立在材料的不断发现和运用基础上发展起来的。

在公共艺术中,材料运用得是否恰当合理,直接对其最终效果产生十分关键的影响。因此,在设计时必须要对材料的特性和大环境有充分的把握。

把握材料的自身特性,就是明了材料的物理性能及其视觉特性,也就是人们常说的肌理效果。在准确掌握并合理运用材料自身特性的基础上,以最有表现力的处理方法,最清晰最完美的形式展现出这些特性。

把握材料与环境的关系,是完成公共艺术设计所要达到完美统一的关键。对于公共艺术,材料不仅可以完成作品本身的形式美感问题,同时,更进一步完成了艺术家对于建筑以及景观环境的理解和情感的寄托。

可用于公共艺术的材料是极其广泛的,只要适合,一切材料都可以成为公共艺术的媒介。公共艺术材料一般包括两类,一类是天然材料,另一类是人工材料。天然材料包括:石材、木材、陶土、天然纤维材料(毛、麻、棕、竹、柳等)、漆以及矿物颜料等。人工材料包括:各种金属材料、人工纤维材料、塑料、玻璃、石膏、玻璃钢、水泥,等等。每一种材料相应的有一种加工工艺或复合加工工艺。譬如:手工雕刻工艺、机械加工工艺、金属加工工艺(切割、焊接、铸造等)、编织工艺、印染工艺、陶瓷烧结工艺、镶嵌工艺、漆艺等。可以说,材料的加工工艺过程是一个地道的物化过程,其制作水平的优劣直接影响作品的质量,绝不可以等闲视之。因此,在很多情况中,公共艺术往往是集体力量的结晶,而非一人力量所能及。

图 2-18 公共艺术 德国

第二章 城市公共设计的形态构成

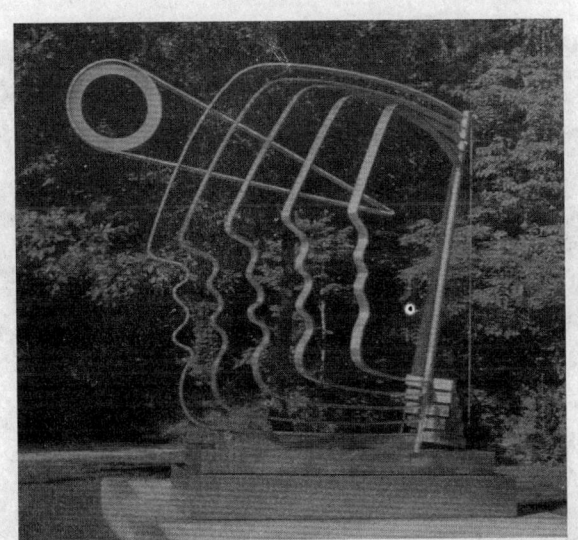

图 2-19 《五元素》斯特朗·库瓦斯

图 2-20 《宇宙空间》日本

图 2-21　公共艺术 法国

　　另外,结合建筑以及景观环境的功能性,合理的选用适合人的视觉感受的材料,同样也是非常关键的。实践告诉我们,在人们的内心,似乎早已建立起了对于某种材料的承受力的信任,这种信任可能是由直觉或经验带来的,倘若超出这种信任,无论这种被使用的材料如何坚固耐用,都会给人的视知觉中造成一种近乎逻辑上的错误感觉,并使人产生疑虑与不安的心理负担。譬如玻璃的易碎性似乎早已成为人们固有的认知,虽然现代玻璃制造已经解决了这方面的问题,但是,倘若以玻璃为材料制作出具有一定高度或承受力的公共艺术作品的话,就可能会给人带来视觉乃至心理上的压力。

第三节　城市公共艺术设计的色彩搭配

　　世界上本无可以离开色的形,也没有可以离开形的色,色与形是一体。古往今来,很多著名的美术理论家、画家、设计师都曾

第二章 城市公共设计的形态构成

在色彩研究上投入了极大的精力和热情。譬如,在我们所熟悉的[美]鲁道夫·阿恩海姆的《艺术与视知觉》一书中就有对于色彩诸多方面十分精彩的论述。另外在[瑞士]约翰内斯·伊顿、[俄]康定斯基等艺术大师的相关书籍里,我们都会找到能够引起我们深思,给我们带来教益和启迪的真知灼见。

色彩有科学的一面,有一般的规律可循,无论哪一种门类的造型艺术都要遵循这个规律,这是一切造型艺术的共性所在。色彩同样也有个性的一面,有无规律可循的一面,当色彩与人产生碰撞并由这种碰撞而带来的艺术活动的时候,这种个性才能够得到充分的体现,色彩的这种个性是造型艺术的存在以及形成区别最为珍贵的品质。色彩直接作用于人的视知觉乃至心理,使人产生联想、激动和不同程度的欢娱。

公共艺术在色彩的运用上有其自身的规律性和特征,这种规律性以及特征是建立在对于色彩基本规律的前提下展开的。另外,长期以来人们对于欣赏此种艺术所形成的某种程度的心理定式,以及民族性的色彩审美问题也是影响公共艺术表现的重要因素。

图 2-22 《曲线》伊藤隆道

〔瑞士〕约翰内斯·伊顿在其《色彩艺术》一书中阐述过这样一个观点:色彩的标准与规律犹如路标或者知识的运载工具,同时确认,只有直觉才是造化之师。本节内容将从两个方面入手,首先对色彩规律做一般性的描述(当然在这里我们要涉及一些有关色彩构成方面的问题),然后重点性的说明公共艺术色彩的表现特点。

一、色彩基础

人类对于色彩的认识实际上来自于两个方面,一是物质上的,二是心理上的。当然,这是一个相对武断的区分,因为物质与心理的关系问题在西方和东方之间是存在着观念上的差异的,西方文化的思维模式是分析的,所以将物质与心理或精神作为两端,分别加以研究。而东方(中国)文化的基本思维模式是综合的,特别是从影响中国文化至深的宗教的角度来看,物与心被视为一体,而作整体的把握。下面,我们将从基本知识入手并围绕公共艺术这一课题来展开有关色彩诸多问题的探讨。

(一)色彩常识

1. 光与色

正如火焰产生光一样,光又产生了色彩。色是光之子,光是色之母。1676年,艾萨克·牛顿用三棱镜将白色太阳光分离成色彩光谱。这就是红、橙、黄、绿、青、蓝、紫各色。

2. 色立体

色彩通常分为两大类:有彩色和无彩色。所谓有彩色,即是指那些具有色彩倾向的或有色味的色。譬如红、黄、蓝、绿、青、紫等色。所谓无彩色,则是指没有色彩倾向的色,是指黑、白、灰。另外,每一种有彩色同时具有三种要素,即色相(指色彩的倾向)、明度(指色彩的明暗程度)和纯度(指色彩的饱和度)。无彩色只有明度上的变化,没有色相与色彩纯度上的变化。

据说人能够识别八万多种色彩,但是如何明确地区分它们以便于表达呢?用语言和文字是难以说明它们的,于是人们开始有了对色彩作系统化整理的想法。通过这种想法,人们将色彩按照它们的属性(即色彩的三要素)结构成立体坐标,并称之为色立体。这种色立体以垂直中心轴表示明度等级,以半径的长短表示色彩的纯度等级,以圆周角表示色相的顺序变化。色立体像一颗色彩斑斓的色彩树,使我们能够准确地找到所需要的色彩,色立体为我们深入地认识、把握和运用色彩提供了方便。目前,世界上流行和通用的色立体有三种,即:蒙尔赛色立体、奥斯瓦尔德色立体以及日本色研所提供的色立体。其中蒙尔赛色立体经过测色学的修正,相对更加具有科学性和可操作性。

图 2-23 《魔王》杰克逊·泼罗克

3. 色彩的混合

色彩的混合包括两个方面,即:加色混合(或正混合)和减色混合(或负混合)。所谓加色混合是指光的绘画,通过这种方式的混合,人们发现加入混合的光色越多其光色的亮度就越大,如果是全色光,那么混合的结果就是很亮的白光;减色混合是指颜料的混合,这种混合的结果是,加入混合的色素越多其明度就会越低,直到无色的黑。

无论是加色混合还是减色混合,都会造成色彩纯度的降低。另外,我们通常将不能进行再度分解的色称为原色,故有三原色之分(光与颜料的三原色是有一点区别的),而把两个原色混合出的色称为间色,把两个间色混合出的色称为复色。三原色具有全色的性质,所以色彩的混合往往通过三原色来进行。

(二)色彩的对比与调和

我们对于色彩的感知以及判断只有在整个的色彩关系中去取得,关系问题是我们解决色彩乃至一切艺术的金钥匙(其实还远非如此,宇宙与生命这个大系统无一不在关系之中),孤立地去分析色彩不存在任何意义。那么,这种色彩的关系中必然包括两个方面的问题,即色彩的对比与调和的问题。这里我们分别将对二者所具有的特征加以描述,希望通过描述能够使读者进一步对其性质和艺术的价值有所把握。

另外,需要申明一点的是,在实际公共艺术的色彩运用中,采用单一的色彩对比形式或调和所进行的装饰行为是很少见的。更多的时候是通过多种对比和调和的关系并使之有机地融合在一个整体里面。换句话说,你无论采用怎样的对比与调和关系,建立起一个和谐的统一色调关系是尤其重要的。色调不仅是公共艺术本身的需要,同时也是整个建筑环境的需要。就像文学作品之于章法,音乐作品之于旋律一样,公共艺术一定要在一个和谐而美妙的色调中才能够得以完美的体现。

色彩的对比与调和应该是我们从事造型艺术的人们所共同探讨和深入研究的课题,深切的掌握其中内容对于我们的公共艺术设计无疑会起到很好的推动作用。

1. 色彩的对比

关于色彩的对比问题[瑞士]约翰内斯·伊顿在他的《色彩艺

第二章 城市公共设计的形态构成

术》一书中将色彩的对比概括为七个方面,我们不妨沿着他的研究思路去探讨与公共艺术有关的色彩问题。这七个方面是:色相对比、色度对比、明度对比、补色对比、冷暖对比、同时对比、面积对比。这七个方面的对比中,前三种是色彩三要素的直接反映,后四种是这三种要素的引申。

(1)色相对比

色相对比是指未经掺和的色彩以其最强烈的明度所进行的对比,是七种对比中最为简单的一种。当红、黄、蓝三色被同置于一个画面的时候,就会呈现出一种极端的对比状态,其效果总是令人兴奋,生气勃勃和毅然坚定(譬如在民间公共艺术中,类似这样的情形是很容易见到的)。当使用的色相从三原色中远离时,色相对比的强度就会相应减弱。

在装饰色彩中并非总是使用具有相同强度的色相来表现,大多的是采用更为主动的方法,即让一种色相起主要作用,其他色相作为辅助而少量使用,这样从一定程度上加强了色彩的表现性特点,从而使这种色相对比表现出或欢快或忧郁,或纯朴或华美等特征。

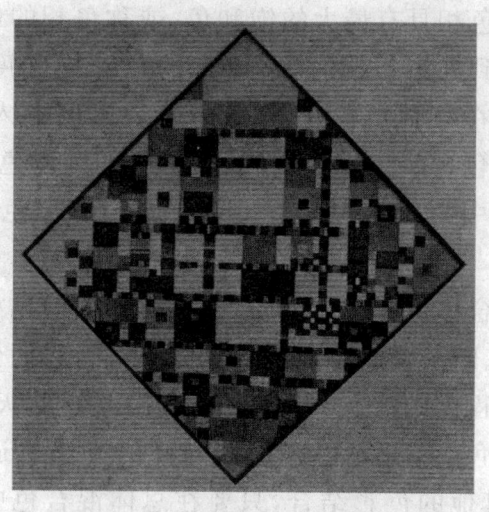

图 2-24 《胜利爵士乐》蒙德里安

图 2-25 《天真的笑容》米罗

另外,白色与黑色甚至灰色,在以色相对比为表现方法的公共艺术中往往是不可缺少的。它们的作用在于起到某种程度的控制(加强或减弱)及协调等作用,从而使这些色相间的对比趋于更大程度的和谐。

(2)色度对比

色度是指色彩的饱和度或色质,指的是色彩的纯度。色度对比就是在色彩的纯度层次上所进行的对比,实践证明,由白光通过棱镜产生的色相具有最大的饱和色,或称色相的最强度。任何一种纯色当受到外力干扰时,它原有的色彩饱和度就会随之降低。假如我们在某种色彩中按照一定的比例加入无彩色(黑、白、灰)或有彩色,并使之建立起 9 个等级的纯度色标,我们就会清楚地看到其中的变化。另外,不同的色相(原色)其纯度也是不同的。

当一种混合色包含有三种原色时,所得到的色相就会呈现出一种无光泽的、暗淡了的特性:因比例的不同,它们会在色彩倾向上反映出不同程度的变化,譬如会呈现出微红的灰色、微黄的灰色或微蓝的灰色,乃至黑色;当然,同样的方法也适用于三种间色,或者任何其他的色彩结合,只要在总体混合色中存在这三种原色的成分。

第二章 城市公共设计的形态构成

图 2-26 《在海边的人体》斯塔尔

另外,色度在实际的运用中其对比效果总是相对的。即同一种色彩在遇到较暗淡的色彩时会显得明亮而生动,而遇到更加明亮的色彩时则又会显得暗淡和缺乏生动性:这是一个很重要的问题,获取其中的经验只有在不断的实践中去实现。

在公共艺术的色彩中,不同的色度对比关系给人们带来视觉感受也是不同的。譬如高纯度基调的色彩会给人以积极、冲动、强烈、外向、快乐以及充满生气之感;中纯度基调的色彩会给人以稳定、成熟、柔和以及质朴之感;低纯度基调的色彩会给人以简朴、陈旧、消极甚至是抑郁之感。

(3)明度对比

明度对比是指色与色之间在明暗和层次上的对比,是公共艺术色彩中极为关键的一环。可以讲,任何色彩的表现都必须通过明度上的对比来完成。当我们着手公共艺术的设计和创作的时候,往往首先想到的会有色彩的明度问题。色相之间因为明度对比程度的不同而形成不同的总体趋向。也就是明度基调,通过这种基调人们可以感受到不同情感特征的存在。其实,有关于明度的描写在生活中也是随处可见的,例如某个人长的很黑或很白;天色很暗或很亮等。

图 2-27 《BATHER BY THE RIVER》马蒂斯

图 2-28 《舞》马蒂斯

为了清楚了解和进一步把握色彩的明度关系,人们往往通过色阶的方式,用一个从黑(最暗色调)到白(最亮色调)的尺度表来衡量色彩的明度变化,通常的做法是排成九个色度,并将这九个色度进一步划分为高、中、低三种调式。这种方式适合于对一切色彩的明度上的分析。

在无彩色(黑、白、灰)或某一种彩色色相范围内,它们的明度层次是容易区别的。但是,色彩本身包含着不同的色相,这些不同的色相又具有不同的明度,所以,当多种色相同居一处的时候,这种对于不同色相层次上的鉴别就会变得非常复杂,绝非可以通过某种计算公式解决问题。这需要从事公共艺术的人们能够练就一双敏锐的眼睛,具备能够精确地鉴定这种复杂变化的能力。

对于公共艺术来讲,一个更为复杂的问题是,明度对比不仅反映在公共艺术本身,同时也反映在它与被装饰物和整个大环境的和谐上。

(4)补色对比

在我们通常使用的美术颜料中,我们将调和后能够产生出中性灰黑色的两种颜色称之互补色。例如黄与紫、橙与蓝、红与绿。在色相环中这三对中的各自两色呈对立位置。从物理学上说,两种互补色光混合在一起时,产生白光(这在前面的色彩常识中已经说明)。

互补色是互相对立,又互相需要的一对色彩。当它们靠近时便会产生强烈而鲜明的对比关系,当它们调和时,就会像熄灭了的灯火一样使一切化为乌有,变成一种灰黑色。

不仅如此,我们发现在每对互补色中都包含红、黄、蓝这三种原色。

$$黄——紫 = 黄——红+蓝$$
$$橙——蓝 = 蓝——黄+红$$
$$红——绿 = 红——黄+蓝$$

这就意味着每一对补色都囊括了光谱中所有的色彩,进一步说,倘若我们将光谱中的一种色相去掉,所有其他的色相混合在一起就会产生它的补色。

色彩的互补关系我们在自然界中会经常看到,其表现出的优美与神秘令人惊叹。譬如人们可以在红花与绿叶中,在紫色的花瓣与黄色的花蕊中观赏到这种美妙的结合。当然,在公共艺术中,其色彩未必局限在对于一对互补色的使用上,也可以使用两对、三对或更多对的互补色。只要补色色域相互接触或不太远离,自然会收到很好的艺术效果。

每对互补色都有自己的独特性。互补色的规则是色彩和谐布局的基础,遵守这种规则便会在视觉中建立精确的平衡。而这种平衡往往在公共艺术中是尤为重要的。

(5)冷暖对比

所谓冷暖对比是指对于色温感觉的不同而形成的对比,伊顿曾用一些数字来表明人们在色彩冷暖感受上的差异。他说:"……人们对冷热的主观感觉相差华氏5~7度。也就是说,在蓝绿色房间里工作的人们,华氏59度时就感觉到寒冷,而在红橙色房间里工作的人们直到温度计下降到华氏52~54度时,才感到寒冷。客观地说,这意味着蓝绿色使人体循环减慢,而红橙色却使其加速。在动物实验中也获得了同样结果:将一个赛跑用马的马房分成两部分,一部分粉刷成蓝色,另一部分粉刷成红橙色,在蓝色部分的马匹赛跑后很快就安静下来,而在红橙色部分的马匹却在若干时间内依然感到躁动不安。并且发现,在蓝色部分里没有苍蝇,红橙色部分里却有很多。"这些实验所表明的现象虽然至今还不能得到更为可靠的解释,但其客观存在性是不容置疑的。

在色轮中,按照它的顺序排列,我们往往将趋于红色的色彩系列称为暖色,如黄、黄橙、橙、红橙、红和红紫色。而把趋于蓝色的色彩系列称为冷色,如黄绿、绿、蓝绿、蓝、蓝紫和紫色,并同时把红橙色和蓝绿色视为冷暖对比的两个极端。而事实上,一切色彩都具有相对性,当一种色彩被放置于比它更暖或更冷的色域中的时候,这种色彩原有的冷暖性能就会相应地产生变化,这取决于色彩间的相互对比关系:

按照伊顿的观点,色彩的冷暖特性还可用其他若干相对应的术语来表示。

第二章 城市公共设计的形态构成

冷——暖	流动——固定
阴影——日光	远——近
透明——不透明	轻——重
镇静——刺激	湿——干
稀薄——浓厚	

以上种种因素为我们从事公共艺术创作在一定程度上提供了表现的依据。善于利用色彩的这种冷暖现象以及巧妙地通过色彩的冷暖对比来实现设计的某种意图,对于从事公共艺术的设计师们来讲无疑是非常重要的。

图 2-29 《月》米罗

(6)同时对比

同时对比是直接针对人的视知觉展开的研究:当人们将完全相同的一块颜色置于不同的色域里时,这块颜色在人的视觉中就会改变原有的状态而呈现出不同的色彩倾向,这种倾向包含了互补色的规律:譬如在大的红色的色域里置一黑或灰色块,那么这块黑或灰色块就会呈现出略带绿色的色彩倾向,其他色亦然。

另外,当人们看到任何一种特定色彩的时候,眼睛都会同时要求有与之相应的补色存在,以获取视觉上的平衡。对背景色看的时间越长,并且色彩的亮度越大,同时效果就会变得越强。目前,我们将这种无法解释的生理现象理解为是人的一种错视行为,并非是客观存在的事实。我们会在同时对比(色的并置)和连续对比(时间上色的连续显现)中发现这种错视行为的存在。

图 2-30 《红、蓝和绿》凯利

同时对比所产生出的这种效果不仅会发生在一种灰色和一种强烈的彩色之间,并且也会发生在任何两种并非准确的互补色彩之间。两种色彩分别使对方向自己的补色转变,因而这两种色彩通常都会失掉它们原有的某些内在特点,而变成具有新效果的色调。在这种情况下,色彩就会引起一种兴奋的感情和强度不断变化的充满活力的颤动。在持续的注视下,这种特定色彩似乎会失去强度,而对这种同时色相的感觉却增强了。色彩感觉的动因并不总是和它的效果相一致的,这条原理完全有效。

同时对比所产生出的效果对于我们从事公共艺术设计的人们至关重要。在设计的初期,我们不妨先用一幅预备性的草图来检查色彩效果,即把一幅构图里要使用的色彩进行并置,同时要考虑到与大环境在色彩上的同时对比关系。以避免不切实际的武断行为出现。

(7)面积对比

面积对比是指两个或更多色块相对色域所产生的对比。这是一种大与小、多与少之间的对比色彩,可以组合在任何大小的色域中,但是我们所要研究的是在两种或多种色彩之间存在着的通过对于面积的控制而达到的色彩间的平衡。

第二章　城市公共设计的形态构成

图 2-31　《作品·一号》蒙德里安

在色彩中,有两种因素可以决定一种纯度色彩的力量,即它的明度和面积。在估量色彩的明度时,我们首先应该将含有不同色相的色彩放在一个中等明度的中性灰色背景下进行比较。这样我们便很容易发现这些色相在明度上是有很大差别的。歌德曾为这些含有不同明度的色相拟定了一个简单的数字比例,这些数字比例如下。

$$黄：橙：红：紫：蓝：绿$$
$$9：8：6：3：4：6$$

每对互补色的平衡比例如下

$$黄：紫 = 9：3 = 3：1$$
$$橙：蓝 = 8：4 = 2：1$$
$$红：绿 = 6：6 = 1：1$$

倘若将这些明度转变成为和谐而相互平衡的色域,我们必须调整这些比例关系,即使其明度的比例数字倒转,相应加大或减小其中色彩的面积,以获取它们之间的平衡。这样我们便可以得出以下能够产生和谐与平衡的色域比例。

互补色的色域比例是:

黄:紫 = 1/4:3/4

橙:蓝 = 1/3:2/3

红:绿 = 1/2:1/2

原色和间色的色域比例是:

黄:橙:红:紫:蓝:绿

3:4:6:9:8:6

或:

黄:橙 = 3:4

黄:红 = 3:6

黄:紫 = 3:9

黄:蓝 = 3:8

黄:红:蓝 = 3:6:8

橙:紫:绿 = 4:9:6

如此等等,所有其他色彩都可以通过这种方式来推算出它们彼此的比例关系。

在实际的公共艺术设计中,对于色彩面积的控制,好的办法是发展和运用你的直觉,要从色彩的效果出发去发展色域的大小和形状,而不是通过某种计算公式,况且,在公共艺术中色域在形状上常常反映出错综复杂的特征,我们很难以计算的方式用简单的数字比例将它们归纳起来。只要具有敏锐的感觉能力(这种能力只有靠不断的实践才能够获得),眼睛是完全可以信赖的,这也是一些大师曾经阐述过的观点。

2. 色彩的调和

关于色彩的调和问题：人对和谐的需求恐怕不仅仅来自所学到的知识，更大程度上是来自于人的生理或知觉。所谓色彩的调和，是指针对那些能够引起人们产生不快或不安感受的色彩，为构成和谐而统一的整体所进行调整与组合过程。但实践证明，能够引起人们产生不快或不安感受的因素有很多，所得到的结果也不尽相同，在关于色彩的调和中，我们至少要考虑两个方面的内容。

（1）共性调和

共性调和，是指在色彩三要素中，通过加强彼此间的共性特征而达到和谐目的的调和。譬如在色彩的色相关系中，为了使色彩达到某种程度的和谐，我们要在诸多色彩中努力寻找到可以统调到一起的具有共性意义的色相，进一步加强这一色相同时削弱其他原来被认为尖锐和刺激的色相，最终使色彩达到统一和谐。这种办法同样可以运用到对于色彩明度、纯度或者背景色彩的统调上。其中在公共艺术中，通过对于统调背景颜色而使画面总体色调达到统一和谐的例子是非常多的。

图 2-32 《舞蹈》马蒂斯

(2)面积调和

不言而喻,所谓面积调和即是通过对各种色彩的色域大小进行统调,使之在加强共性削弱其间对比关系的一种调和。一般来讲,对比双方的面积越大,其调和的效果也就越弱,反之则越强。

实际上,在具体的公共艺术设计中,为了使作品中的色彩达到某种程度的和谐,我们通常需要同时考虑以上这两个方面的内容,孤立地采取一种调和办法往往是不容易达到目的的。

图 2-33 《音乐》马蒂斯

3. 色彩的表现性

色彩的表现性往往是造型艺术中备受关注的问题,从事公共艺术设计的人们尤其不能忽视对于这一重要问题的研究。

伊顿在其《色彩艺术》的有关"色彩表现理论"[1]中曾有过论述。

---

[1] 伊顿关于"色彩表现理论"描述:一位实业家准备举行午餐,招待一批男女贵宾。厨房里飘出的阵阵香味在迎接着陆续到来的客人们,大家都热切地期待着这顿午餐。当快乐的宾客围住摆满了美味佳肴的餐桌就座之后,主人便以红色灯光照亮了整个餐厅。肉食看上去颜色很嫩,使人食欲大增,而菠菜却变成黑色,马铃薯显得鲜红;客人们惊讶不已的时候,红光变成了蓝光,烤肉显出了腐烂的样子,马铃薯像是发了霉。宾客个个立即倒了胃口;可是黄色的电灯一打开,就把红葡萄酒变成了蓖麻油,把来客都变成了行尸,几个比较娇弱的夫人急忙站起来离开了房间。没有人再想吃东西了。主人笑着又开了日光灯,聚餐的兴致很快就又恢复了。

第二章 城市公共设计的形态构成

我们从伊顿的描述中不难看出,色彩的表现性与人类的心理活动有着密不可分的内在联系:在长期的与色彩接触和艺术实践中,人们对于色彩的表现性的认识,在一定程度上达成了共识,譬如对于色彩表情的认可,这是人类对于色彩认识的共性所在,当然,这种所谓共性同时带有很强烈的时代性、地域性和民族性等特征,随着时间的推移,这种共性会相应产生变化。

人们对于色彩表情的认识在某种程度上近乎程序化,但是在具体的公共艺术实践中,设计师不可机械的套用这些认识,因为色彩的表情会随着条件的改变,在人们的联想中产生变化,就像伊顿所描述过的那样。同样的蓝色用于大海和远处山岳会使我们心醉,用于室内装饰就可能令人感到恐怖和压抑,而用于人的皮肤便会使其苍白。所以,辩证地运用人们对于色彩表情的认识是绝对必要的。

现在我们对部分色彩的表现性予以概述。

(1) 红色

红色是一种浓厚而不透明的色彩,在可见光谱中,红色的波长最长。哪怕是在极为恶劣的天气里,它仍然能够穿透空气并显示出强大的威力来,所以,在生活中人们往往利用红色作为警示的标志。

红色同时具有极为丰富的表情,它温暖、热烈、吉庆、真诚、赤子,具有一种不可抗拒的火焰般的力量。它威武、力量、庄严、号召、热血,令人仿佛看到战火纷飞的战场和英勇杀敌的战士。处于高明度的红色具有一种能够使人血液循环加速和产生兴奋感的力量。红色处于低明度时则给人以稳重同时是消极和悲观的意味。中国人最喜爱红色,常常将其视为正义、吉祥、辟邪的象征,在民间生活、礼仪、纪念日以及美术活动中,红色被视为最重要的色彩而广泛使用。

红色具有非常丰富的变调可能性,因为它可以在冷与暖、模糊与清晰、明与暗之间进行广泛的变化,而不会毁坏它的红色特性。当红色与其他色彩相遇时,其表情会相应发生变化,如在柠檬黄色上,红色呈现出一种深暗的受抑制的力量。在黑色面前,红色会迸发出最不可征服的恶魔般的激情。

图 2-34 《红色金属柱体》利伯曼

图 2-35 《重叠上升》美国

图 2-36 《作品·1948 D 号》斯蒂尔

(2) 黄色

黄色是所有色相中最能发光的色彩,在可见光谱中其波长居中。黄色是一种具有明亮、尖锐、扩张感,同时又缺乏深度的色彩。

黄色具有光明、华贵、富丽、智能、绝对等特征,往往使人产生对于丰收、权威、欢快等方面的联想。在中国封建社会中,黄色被视为顶级色彩,多为皇室或寺院中所用。西方国家也多以黄色反映光明或神的力量。

黄色只有在保持明度和纯度的绝对稳定前提下,其辉煌的特征才能够得到充分的体现,但是,黄色的这种严肃性却极容易遭到某种程度的破坏,正如真理只有一条,黄色也只有一种。遭到破坏的黄色犹如败坏了的真理,从而表现出嫉妒、背叛、虚伪、怀疑、不信任和缺乏理智等表情,所以艺术家大多非常谨慎地使用这一色彩。

当黄色与其他色彩相遇时其表情会相应产生变化。如在红色色域中,黄色会显得喧闹而欣喜。在橙色色域中,黄色会显得更纯更亮,犹如阳光般的灿烂。在蓝色色域中,黄色显得明亮而辉煌,但稍显强硬和难以调和。在红紫色色域中,黄色会呈现出一种极端的富有特点的力量,坚实而冷静。但是,如果黄色与红紫色相调和就会失去其特点,而变得冷淡和病态的了。

图 2-37 《国王的悲哀》马蒂斯

(3)蓝色

蓝色是一种与红色特征形成反差的色彩,是一种在人的视觉中表示出收缩、内向的色彩。在可见光谱中蓝色的波长较短。

从有形空间的观点来看,正如红色总是积极的一样,蓝色总是消极的。然而从无形的精神观点来看,蓝色似乎是积极的,红色则是消极的。正如红色同血有联系,蓝色同神经系统有联系。

蓝色具有宽广、永恒、博大、坦荡、理智、深邃以及保守和冷淡等特点。蓝色对西方人意味着信仰,以前对中国人则象征着不朽。当蓝色处理得昏暗时,它就象征迷信、恐惧、痛苦与毁灭,可是它总是指向漠然超越的领域。

当蓝色被置于黄色之上,蓝色就会显得黯淡,同时呈现出模糊和暧昧之感。蓝色置于黑色之上,蓝色则会以明快纯正的力量闪光。蓝色置于淡紫红色之上,蓝色似乎就会变得畏缩空虚和无能。在暗褐色(深暗的橙色)底上时,蓝色则表现出一种强烈的战栗,同时激发出了褐色的生动性。

(4)绿色

绿色是介于黄色与蓝色之间的中间色,产生于两种原色的调和,是间色的一种,在可见光谱中绿色处于中间的位置。绿色的种类很多,它随着黄色或蓝色含量的多少,在表现特色上产生相应的变化。

在《色彩艺术》中,伊顿有这样一段描述:"绿色是植物王国的色彩,神秘的叶绿素包含着光合作用。当阳光照射到地球时,水和空气就放出它们的分子,于是实体化了的知觉能力就长出绿色。绿色的表现意义是丰饶、充实、宁静与希望,以及知识与信仰的融合渗透。当明亮的绿色被灰色所暗化时,就容易产生悲伤衰退之感。如果绿色倾向于黄色,进入黄绿色范围,我们就会感到自然界朝气蓬勃的青春力量。在春天或初夏的早晨,如果没有黄绿色,没有对夏季果实的希望与欢乐,那是不可想象的"。歌德也曾形容过绿色的特征:"绿色给人以真正的满足,人们不再想做进一步的探索,也不想后退"。

第二章 城市公共设计的形态构成

绿色的转调领域非常广阔,倘若绿色倾向于黄,会生发青春之意气。倾向于蓝色,绿色则变得精神倍增。倾向于灰,绿色则变得消极。倾向于黑,绿色则变得深沉、安稳和带有几分忧愁。

在公共艺术设计中,我们可以通过不断地实践,对绿色在变调中所具有的各种不同的表现价值加以了解和认识。

(5)橙色

橙色,红色和黄色的混合色,间色之一,在可见光谱中,橙色的波长仅次于红色。在所有色彩中,橙色是最具光辉的色彩,它具有太阳般的发光效果,发红的橙色能取得最大的温暖活跃的能量。纯度高的橙色虽然不免躁动,但总还是喜庆的,然而倘若将其淡化时,很快就会失去这些特点而变得苍白起来。用黑色掺和时,它会衰退到模糊、缄默和干瘪的褐色。若将这褐色淡化,就可获得灰褐色调,能产生温暖慈祥的气氛。

(6)紫色

紫色在可见光谱中属于波长最短的一种,是红与蓝结合而成的间色,但要确定一种标准紫色,换句话说,这种紫色既不倾向于红也不倾向于蓝,是极端困难的。

图 2-38 橙色雕塑作品

紫色作为黄色的补色，往往具有某种程度上的与黄色相反的特性。紫色一般给人以神秘的，有时是令人压抑的感觉。并且因对比的不同，而表现出的具有威胁性或鼓舞性的感觉。当紫色是以大面积的色域形式出现时，恐怖感便随之而来，在倾向于紫红色时更是如此。为此，歌德对于紫色的特征曾经作过这样的判断——这类色光投射到一幅景色上，就暗示着世界末日的恐怖。

图 2-39 《光》巴赞

在西方一些国家里，紫色是一种象征着虔诚的色相。当紫色被进一步暗化了的时候，便又是蒙昧迷信的象征，仿佛灾难就要从这深暗中将要突然爆发出来一样。然而，一旦紫色被淡化，犹如光明与理解照亮了蒙昧的虔诚，一切又将变得优美可爱起来了。

其实，对于色彩的感知和正确判断是来自于整体的观察，而非孤立地去分析和认识色彩，我们只有根据每种色彩同其邻色和整个色彩的关系与相对位置来做出相应的判断，才能得出有用的尺度。

另外，当两种被认为互补色的色彩相遇时，它们彼此的色彩特性就会得到一定程度的互相补充,从而产生出一种综合了的色彩特性,设计师往往利用这种特性而使公共艺术作品达到某种程度的和谐。

以上我们做了一些有关色彩的表现性的分析,当然,这些分析主要来自于前人所总结下来的经验。其实,我们需要进一步探讨有关色彩表现性的问题还远非如此,这些问题都会对我们从事公共艺术的设计产生良好的促进作用。譬如不同民族或地区的人们由于宗教或其他诸因素所带来的对于色彩的忌讳或推崇,由于人们生理的或生活阅历而产生的心理层面对于色彩的不同偏好和憎恶等。总之,对色彩的精神上和情感上的表现价值考虑的越多,就越会发现和认识到,色彩效果和我们在色彩体验方面的主观个性,都是千差万别的。我们在具体的工作实践中,既要尊重这些客观存在,同时又不可处处循规蹈矩,亦步亦趋,使所谓的经验和知识成为我们行动的桎梏。

4. 形状与色彩

在前面,我们分析了有关色彩表现方面的问题,虽然这些分析具有很大的相对性,但不妨作为一条使我们深入了解色彩潜在能力的途径,以利于我们的设计工作开展。

在造型艺术中,形状与色彩是分不开的,形状同样具有色彩般的表现特性,形状和色彩的这些表现特性是同时发生作用的,就是说,形状和色彩的表现力应该是相辅相成的。这里,我们同样需要借用伊顿的观点来说明这个问题。

正如红、黄、蓝是三种基本色彩那样,三种基本的形状——正方形、三角形和圆形可以确定为具有突出表现价值的形状。

在公共艺术中,设计师不可避免地会运用一些能够反映自身素质或个性化的色彩以及形状,但是有关色彩与形状共性方面的研究应该成为设计师首要的研究问题。

图 2-40 《章鱼》亚·考尔德

图 2-41 公共艺术 美国纽约林肯中心

二、公共艺术色彩的表现特点

公共艺术在其色彩的运用上存在着一定程度的局限性,这种局限性在被称为"纯艺术"里面是不存在的。譬如我们在色彩的设计之前必须要对建筑的功能以及景观环境特征有所了解,另外还要兼顾到建筑师和环境设计师对整体色彩的设想和安排,以及建筑景观使用单位对色彩的要求等。这种局限性往往给公共艺术创作带来诸多的不便。但是,也正是这种局限性,同时也蕴藏着发动自由与生命活力的契机。只要公共艺术家能够站在整体的角度,从大局着眼,一切都会变得明朗起来。

公共艺术在色彩的运用上,存在着如下几个方面特点。

(一)因地制宜

公共艺术与建筑及景观环境是统一的整体,在色彩的色相、明度和纯度上都要针对建筑及景观环境的诸多因素进行合理而巧妙地选择,不可因强烈的个人意识而破坏建筑及景观环境的完整性。

图 2-42　公共艺术　加拿大

在具体的设计工作中,我们首先要处理好公共艺术的色彩与特定建筑功能乃至整个景观环境的关系问题。譬如在一些剧场、文化娱乐场所、公园等充满欢快和热烈气氛的特定建筑环境中,其装饰色彩的运用就应具有相同的性质。具体地说,我们可以选择明快、响亮和鲜明的暖色来适应这个环境。同样,在餐厅或酒吧里面,我们应该努力找到那些能够引起进餐者食欲和舒适感的柔和而温暖的色彩。在运动场、体育馆以及其他具有健身和竞技意义的场所里面,其装饰的色彩一定是具有较高纯度的、鲜明的、具有强烈对比和令人亢奋的。相反,在学校、图书馆、疗养院以及一些休息场所,则需要配制一些足以使人感到清新和稳定的色彩,如以绿色或其他冷色为主的色调,从而能够使人在优雅而宁静的环境中去修养身心。

(二)重写意轻写实

张光宇先生曾在《装饰创作问题》(《装饰》1959年第六期)一文中谈道:"装饰色彩的主要特点是什么呢?特点就是突破自然主义。如果以绘画的正常色彩学衡量装饰色彩就会限制住装饰性。"

公共艺术的色彩(指作品本身的色彩)至少在三个方面是不受所谓现实主义的限制的。

其一,公共艺术的色彩不受三维空间条件的限制。在大自然中,当你站在某一位置去观察风景时,你会发现,色彩会随着距离的不同而产生变化。在几乎相同的物体色彩中,近处的色彩要暖一些,远处的色彩要冷一些,近处的色彩要纯一些,远处的色彩要灰一些。这些现象,在从事于"纯艺术"的人们那里是备受重视的,同时,你可以在现实主义绘画中看到这些现象是如何被画家们淋漓尽致地表现出来的。色彩的这种自然性,在公共艺术设计这里是不大受到尊重的,因为公共艺术无论出现怎样的设计,最终的结果都是以不破坏建筑本身原有的结构关系和景观特征为前提的,虽然这种破坏只能产生于人的视觉中,但同样会起到很大的作用。这正是公共艺术在与建筑结合过程中大多注重于作品的平面感而相对忽略纵深感的原因。当然也有因为需要而产生的例外,比如在哥特式建筑内的藻井彩绘中,那种通过色彩所营造出的距离感,仿佛真的能够将人们带到美好的天堂。这是计划之内的一种作为,是符合需要它的人们和设计师意图的。

其二,公共艺术的色彩不受自然界中所谓固有色彩的影响。譬如在大自然中,我们会看到天空是蓝颜色的,树是绿的,土地是黄的等,纯艺术中的绘画一般是要尊重这个现实的,但公共艺术却不受这些限制。公共艺术设计师可以根据建筑功能和整个环境的需要而随意改变这些色彩。公共艺术中这种对色彩的独特的处理方法是其他造型艺术难以做到的。

其三,公共艺术的色彩不受自然界中所谓环境色的影响(作品与整体环境之间,其环境色的问题则是非常需要关注的)。在大自然中,一切色彩都是随着自然条件的变化而变化的,是相互影响着的,是没有固定的色彩可寻的,我们在上面所提到的所谓色彩的"固有色"其实也是一个相对的说法。在现实主义绘画中,画家们是非常注重对于环境色的表现的,但是在公共艺术作品中,环境色这一自然因素往往是被设计师所忽略的,设计师可以根据设计意图将所描绘的物象色彩保持在一个特定的状态里,而不受环境色的影响。

图 2-43 《帝王图》敦煌壁画

公共艺术这种运用色彩的写意性和自由性为设计师的艺术创造提供了条件,同时也为设计师可以有机地和更为广泛地使用各种可以利用的材料提供了方便。

(三)贵单纯朴厚,贱繁缛矫饰

在世界范围内,在整个公共艺术发展史中,虽然繁缛之作不乏其例,但大多不为人们所赞美。特别是在中国传统的美学理念中,那些过于繁缛的壁画或雕饰往往被人们视为匠气而非艺术的标志,中国之艺术历来以浑金璞玉为贵,繁缛矫饰为贱。

凡被称之为装饰艺术的,在很大程度上是唯美的,公共艺术也同样如此。但唯美的东西却又极容易矫饰和造作,成为一种浅薄的装腔作势般的假脸儿,为人们所不喜欢。在中国传统美术中,大红大绿,大实大虚,大动大静,大气磅礴以大为美的作品常常为人们所赞叹,这种做法也同样适合于公共艺术,虽雕琢而不小气,虽润色而不娇造。艺术凡大则美则伟,凡小则丑则弱,古今中外之公共艺术无不如此。

从某种意义上讲,色彩上的单纯反而会成为作品丰富的阶梯,越单纯往往越是名贵。这里所蕴藏的辩证之理是值得我们深入研究的。

色彩对公共艺术的表现具有很大的影响作用,因为人们在欣赏公共艺术时,首先引起视觉反映的就是色彩,色彩最能引起人的注意力。美妙的色彩设计可以进一步加强建筑以及景观环境的艺术表现力,同时在一定程度上也可以弥补建筑以及景观环境其他方面的不足,完善整体环境的设计语言。

在公共艺术中,色彩最容易营造气氛和表现情感。同时,通过色彩人们可以进一步了解建筑以及景观环境所具有的功能、民族特征及其文化,让人们去感受特定环境下的美好。另外,色彩还能够起到和进一步加强建筑以及景观环境的功能识别性,譬如不同行业的建筑,一般都有不同的特定色彩,这些特定色彩也许是来自于长久以来人们习惯性的做法和认识,设计中如果能够合理地运用这些色彩因素,便可恰当地反映出建筑和特定环境的功能特征,如用红白条纹来装饰理发店,用绿色或白色来装饰医院,用中性的近乎灰色的稳重的颜色来装饰机关,等等,特定的色彩

第二章　城市公共设计的形态构成

几乎已经成了这些建筑的代名词。

图 2-44　《夜》马约尔

图 2-45　《人物》米罗

第三章 城市景观中公共设计基本原理与流程

公共艺术设计是有其自身的原理的,并且还要遵循一定的流程。具体来说,本章公共艺术设计原理主要包含构思与布局、均衡与对称、尺度与比例、色彩与光影、统一与变化五个方面的内容。而流程则要经历初探期的调研分析、设计定位、方案形成以及创作与实施阶段的工作,设计才能得以完成。

第一节 城市公共艺术设计的基本原理

一、构思与布局

(一)艺术设计构思

首先应该确立表现的形式要为环境艺术设计的内容服务,用最感人、最形象、最易被视觉接受的表现形式。公共环境艺术设计的构思就显得十分重要,要充分弄通环境的内涵、风格等,做到构思新颖、切题,有感染力。构思的过程与方法大致有以下几种。

1. 创意想象

想象是构思的基点,想象以造型的知觉为中心,能产生明确而有意味的形象。灵感,即知识与想象的积累与结晶,它是设计构思的源泉。

2. 少即多

构思时往往想得很多,堆砌得很多,对多余的细节不忍舍弃。张光宇先生说"多做减法,少做加法"。建筑设计家凡德罗的"少即多"设计原则,就是真切的经验之谈。对不重要的形象与细节,应该舍弃。

3. 象征

象征性的手法是艺术表现最得力的语言,用具象形象来表达抽象的概念或意境,也可用抽象的形象来意喻表达具体的事物,都能为人们所接受。

4. 探索创新

创新需要避开流行的和惯用的语言和技巧,构思要新颖,就需要不落俗套,标新立异。要有创新的构思就必须有不断进取的探索精神。

如图 3-1 所示,此设计十分具有创意,构思巧妙,运用许多竹竿组成的栅栏围墙体现出了浓浓的乡村风情,给人朴实、闲适的感觉。

图 3-1 艺术区大栅栏咖啡厅

如图 3-2 所示，这个门面工业感十足，又很有韵味，这也是在合理利用当地环境，因地制宜的一种完美结合，运用工业上大的罐体，既感觉出了材料的质感，又体现出了设计者的独特构思。

图 3-2　艺术区门面和外墙

如图 3-3 所示，此设计新颖而独特，是典型的古典与现代的结合，古朴的木质门把手安装在玻璃门上，充分体现出了设计师巧妙的构思，使人感觉更加可爱，更容易让人接受。

图 3-3　门把手设计

如图 3-4 所示,此外墙凹凸不平,显出了墙面的层次变化,打破了传统墙面平整的结构,这是一种艺术的创新,凹凸感让人更容易产生联想,打破了传统的单调和宁静,更增加了动感。

图 3-4　艺术区外墙

(二)布局设计

布局是设计方法和技巧的核心问题,有了好的创意和环境条件,但是如果设计布局凌乱、没有章法,设计佳作就不可能产生。布局内容十分广泛,从总体规划到布局建筑的处理都会涉及。但是最主要的一点,这些构图都是为了主体服务的。

重心是指物体内部各部分所受重力之合力的作用点。作品所要表达的主题或重要信息不应偏离视觉重心太远。

以上形式法则互相依赖,且交叉、重叠,设计者应在设计实践中根据不同条件灵活处理。

图 3-5 所示的广场设计以火车为主题,鲜明地表达了广场的性质,这样的设计大胆新奇,给人耳目一新的感觉,同时也十分具有特征,十分具有代表性。

图 3-5　广场设计

二、均衡与对称

(一)形式法中的"对称"

最直观、最单纯、最典型的对称是一个轴线两侧的形式以等量、等形、等距、反向的条件相互对应而存在的方式。自然界中许多植物、动物都具有对称的外观形式。人体也呈左右对称的形式。对称又分为完全对称，近似对称和回转对称等基本形式，由此延伸还有辐射对称等，如花瓣的相互关系。

图 3-6 所示故宫的设计是中国对称设计的代表之作，从设计上可以看出完全的对称体现出了一种秩序美，从而也可以感觉到里面的一种从古到今的自然美。

图 3-7 所示小区的景观设计就是典型的对称设计，在对称的基础上设计者又运用高低不同的植物使环境产生高低起伏的变化，对称中含有变化，变化中带有秩序，设计者将这两者完美地结合正是此设计的亮点。

图 3-8 所示的建筑物门是典型的对称设计，同时在材料上竹子与金属门框形成了软硬虚实的对比，黄色竹子本身有种枯燥之感，但是被绿色门框衬托之后就显示出了勃勃生机。

第三章 城市景观中公共设计基本原理与流程

图 3-6 北京故宫建筑设计

图 3-7 天赐良缘居住小区休闲广场

图 3-8 咖啡屋门面

(二)形式法则中的"均衡"

形式法则中的"均衡"是指布局上的等量不等形式的平衡。均衡与对称是互为联系的两个方面。对称能产生均衡感,而均衡又包括对称的因素在内。然而也有以打破均衡、对称布局而显示其形式美的。

在环境设计中对称的形态布局严谨、规整,在视觉上有一种朴素的美感,符合人们的视觉习惯。对称可以让人放松,设计中注入对称的特征,可以让人获得视觉和意识上的平衡。但在实际应用中要避免过分的绝对对称,有时不对称因素反而能增加作品的生动和美感。

随着时代发展,严格的对称在公共设计中已经越来越少,"艺术一旦脱离原始期,严格的对称便逐渐消失","演变到后来,这种严格的对称,便逐渐被另一种现象——均衡所替代"。如果运用对称的形式法则进行总体设计,就要把各设计元素运用点对称或轴对称进行空间组合。

均衡是动态特征,其形式构成具有动态、定量的变化美。在设计中,要充分利用设计对象的客观条件,根据设计元素及与其他元素的空间组合来达到视觉均衡。

图 3-9 的设计打破了固有的对称,将涉及元素通过大小、色彩,以及空间的有机结合,让人视觉上产生平衡感,同时还产生了动态的美感。

图 3-10 的景观设计形式美感很强,布局上等量不等形式的平衡,让人感到静中有动,动中有静,在视觉上有典雅、庄重之美,同时又不失活泼、灵动之感。

图 3-11 的设计主要是门面上图案的均衡,图案整体中带有微妙的变化,统一而又有变化,传统中又透视出一种现代感。

第三章 城市景观中公共设计基本原理与流程

图 3-9　天赐良缘小区湖畔设计

图 3-10　保利国际花园环境设计

图 3-11　3818 库门面设计

三、尺度与比例

(一)环境艺术设计的尺度设计

尺度是指空间内各个组成部分与具有一定自然尺度的物体的比较,是设计中的重要因素。功能、审美和环境特点是决定建筑尺度的依据,正确的尺度应该和功能、审美的要求相一致,并和环境相协调。该空间是提供人们休憩、游乐、赏景的所在,空间环境的各项组景内容,一般应该具有轻松活泼、富于情趣和使人无尽回味的艺术气氛,所以尺度必须亲切宜人。

图3-12的平台设计从尺度上看,给人以轻松、舒适之感,给人观赏、休闲提供了良好的艺术氛围。

图3-12 休闲亲水平台设计

图3-13的设计活泼、灵动,尺度把握恰到好处,木栏杆的依次排列形成一种连续的秩序感,让人无论在审美上,还是在功能上都有一种和谐的感觉。

图 3-13 蓝天碧水小区亲水平台设计

(二)环境艺术设计的比例应用

比例是部分与部分或部分与全体之间的数量关系。它是比"对称"更为详密的比率概念。人们在长期的生产实践和生活活动中一直运用着比例关系,并以人体自身的尺度为中心,根据自身活动的方便总结出各种尺度标准,体现于衣食住行的器用和工具的形制之中,成为人体工程学的重要内容。比例是构成设计中一切单位大小,以及各单位间编排组合的重要因素。

因此在做公共艺术设计的同时还要考虑到主体建筑物与周围环境的协调比例。只有尺度和比例正确了才能给人亲切舒适的感觉,才能使环境气氛灵动起来,更加丰富设计的效果。

图 3-14 的设计中十分讲究各种建筑和花草的比例大小,各种景观小品互相依托、映衬,给人以亲切舒适之感,更显层次丰富。

图 3-14 秋水广场景观设计

图 3-15 的设计对桌椅的比例把握十分精准,这完全符合人体工程学的设计,给顾客以最舒适的感觉,简约的设计风格传统而又不显呆板。

图 3-15 休闲餐饮桌椅设计

四、色彩与光影

（一）色彩设计运用

在公共环境艺术设计中会大量运用色彩与光影元素，色彩在人们的社会生活、生产劳动以及日常生活衣、食、住、行中的重要作用是显而易见的，人视觉的第一印象往往是对色彩的感觉，例如，红色是强有力的色彩，热烈而冲动。

红色凸凹的砖墙表达了斗牛士的道路上的坎坷和精神，能鲜明地表达出该品牌的企业文化（图3-16）。

图3-16　上海斗牛士牛排食品门面设计

图3-17的门面以红色为主色调，给人以热情奔放、豪情万丈的感觉，可以激发出人们的艺术创作激情，同时使用白色字体对比很强烈，突出主题。

图3-18的设计运用了中国的传统色，除了在色彩上强烈意外，还体现了该品牌的历史悠久，有流传久远之感。

图3-19的门面设计运用蓝色为基调，带给人一种清爽的感觉，同时蓝色给人以简洁、纯净的感觉。

图 3-17 艺术中心门面

图 3-18 北京兰桂坊酒店门面设计

图 3-19 北京街头食品店门面

图 3-20 的门面运用绿色作为主色调,同时加以蓝色衬托,使之活跃灵动,从而又感觉啤酒的清爽。

图 3-20　北京嘉士伯啤酒专卖设计

图 3-21 的门面以红色为背景,加之蓝色的图案,是一种典型的中国风格,同时黑色的门窗完全统一于其间,让人感觉和谐舒适。

图 3-21　门面设计

(二)光影设计运用

光影随四季,每天都在不断地变化,光源是阳光、月亮或灯光,随着光源的变化,形象和体积也随着改变。没有光线照射,形象就不明显,尤其终年背光的背面小景,其体量和空间感亦差。不同风格的造型术语有"挂光""吸光"和"藏光"等。

音乐喷泉可称为动雕,其通过千变万化和喷泉造型结合音乐旋律及节奏、音量变化、音色安排和音符的修饰,来反映音乐的内涵与主题。它将音乐旋律变成跳动的音符与五颜六色的彩光照明组成一幅幅绚烂多彩的图画,使人们得到艺术上的最高享受。

充分利用有利条件,积极发挥创作思维,创造一个既符合生产和生活物质功能要求,又符合人们身心要求的环境。而光影对周围的环境和人的心理感,会呈现出不同的意义和作用的镜头画面。因此在设计中,材料是一种流动的语言,是视觉的旋律,也透出独特的文化内涵。

苏格昆山夜场设计通过各种灯光的交相辉映营造出了一种欢乐祥和的艺术氛围,加之色彩的丰富变化更增加了环境的热闹气氛,光影的变化随着灯光的变化产生各种梦幻般的色彩(图3-22)。

图3-22　陈德伦设计作品:苏格昆山夜场设计

南昌八一广场夜景设计中灯光的五颜六色照射在喷出的水柱上,更加显得变化丰富,色彩斑斓。随着水柱的节奏变化,灯光颜色也在不断调节,使气氛更加和谐美妙(图 3-23,图 3-24)。

图 3-23　南昌八一广场夜景

图 3-24　南昌八一广场夜景

五、统一与变化

(一)功能表现的统一与变化

合理地组织功能空间是达到各方面统一的前提。这里包括在同一空间内功能上的统一,以及功能表面的统一。

同一空间内功能上的统一比较好理解,即在空间组织上应该将相同活动内容的设施及场地集中在一起。功能表现方面的统一,是特殊的使用功能需要与环境景观的外观统一。

图 3-25 为上海博物馆空间造型设计,古典与现代相结合,整体上显得大气,色彩也较统一,同时几处红色线条的点缀,更显示出了灵活的变动,同时又完全统一于主体之中。

图 3-25　上海博物馆设计

图 3-26 的门面设计极其简约,而且现代感十足,但同时木质的装饰又显示出了传统的味道,使传统很好地统一于现代之中,玻璃的墙体加上木质的装饰使得变化丰富且不复杂。

图 3-26　艺术区门面设计

图 3-27 的设计整体简洁大方,色彩稳重,同时运用大理石贴面更显豪华高贵,在细节上也做了一些简单的装饰且很好地统一于整体,统一与变化结合得很完美。

图 3-27　艳阳天 KTV 门面设计

肯德基门面大家非常熟悉,主要是色彩的统一与变化,红色为主色调,白色统一于其中,同时也增加了其间的变化,使之更加丰富,更具有情致(图3-28)。

图 3-28　肯德基门面

(二)风格的统一与变化

变化包括风格和特色。公共环境艺术设计要统一于总体风格,统一而不单调,丰富而不凌乱。

虽然将多方因素组织起来且做到协调统一是困难的,但尽管如此,还是需要加强统一。除上面提到的方法,还有两个主要手法。

第一,通过次要部位对主要部位的从属关系,以求从属关系统一。

第二,通过景观中不同元素的细部和形状的协调一致,构筑环境整体的统一。

图3-29的设计统一而不单调,丰富而不凌乱,一面灰色背景的墙为主基调,同时加一个红色标志牌点缀,显得协调又统一。

第三章 城市景观中公共设计基本原理与流程

图 3-29 上海蝶园门面设计

图 3-30 的设计同样是色彩协调统一,几处红色装饰线划破单调的灰色,显出了灵动之美,同时绿色字体更显出了生机和活力。

图 3-30 上海百草传奇门面设计

第二节　城市公共艺术设计的必需流程

一、公共艺术设计创作过程初探

(一)设计调研与分析

景观环境分析:公共艺术景观没有固定的格式,只是针对具体的地域空间、具体的城市景观环境来设计。具体地说,只有当你了解具体地域的历史文化、政治、经济背景和城市景观大环境等整体情况以后,才能根据公共艺术设置的位置进行分析整理、综合研究,最终给出一个正确的设计定位。因为地域间的人文历史文化、民族文化、城市个性、建筑风格、景观环境等都不相同,设计元素也不同,使得公共艺术形式、形态也各异。换言之,是要针对具体的地域空间、具体的城市景观环境来设计和创意。只有在你了解了具体城市的历史文化、政治经济、景观环境等整体背景的基础上,才能设计出与该城市公共空间相吻合的公共艺术景观,使公共艺术景观具有艺术特质,这也是公共艺术景观创作的魅力所在(图 3-31)。

图 3-31　具有中国传统意义的装饰雕塑

平面与功能分析：公共艺术作为环境功能机制的一部分，它有一定的功能性。它在人文精神、审美效应上与环境整体相协调，并有着独立的观赏价值，是人们精神与心理安慰的调节剂，起到审美教育的作用。

图 3-32 这件作品很像是日晷，不过它位于法兰克福的大街中心，而且体量很大，再看看不讨人喜欢的青铜塔和下面的水池，就会明白这不仅仅是个日晷，而是对应于某个时代和场所，自己为自己增加的负重——即面对第二次世界大战和纳粹主义，将要背着不光彩的包袱生活下去。它在繁华的商业街中，像个黑色的墓碑一样矗立着。

图 3-32　法兰克福街头作品

公共艺术作为地域历史和精神文化的重要传承载体，具有标志性、识别性和展示社会面貌、地域形象的功能。另外公共艺术还有一定的艺术价值。因此，公共艺术设计要根据功能分析定位，同时对于平面布局应科学合理，对空间尺度、材料色彩等要素均要作详细考虑。

图 3-33　现代抽象雕塑

图 3-34　自由女神像

巴塞罗那圣茨火车站旁的这件巨大的色彩强烈的作品《芋虫》是米罗的作品,在混凝土中嵌入陶瓷锦砖而成。雕塑身上有一条"V"字形竖缝,用黑瓷砖嵌入,占据体长的三分之二,寓意蛹即将化成蝶,象征生命的诞生(图 3-35)。

第三章 城市景观中公共设计基本原理与流程

图 3-35 《芋虫》米罗

图 3-36 埃特鲁利亚青铜雕塑,约作于公元前 500 年左右,此为罗马市徽

图 3-37　具有中国传统意义的装饰雕塑

图 3-38　现代抽象雕塑

图 3-39　装饰雕塑

图 3-40 是中国境内著名的乐山大佛,佛像全高 71 米于公元 713—803 年建成,该雕像是世界上最古老的佛教雕像之一。

图 3-40　乐山大佛

图 3-41　《加莱义民》

(二)设计定位

收集设计元素:每一个地区都会有丰富的设计元素,历史文化、民族文化、城市个性、建筑风格等,都可以从中找到一些有用的设计元素。然而,艺术设计并不是元素的简单罗列和相加,而是通过艺术家对这些元素的再创造,形成一个新的符合当地地域文化并与周边景观环境相融合的具有时代特征的审美形态。设计定位要体现出三个方面。

1. 适应性

公共艺术是依赖于环境而存在的审美形态,必然要在诸多方面与整体环境相适应。具体地讲要与景观环境使用功能相适应,要与建筑以及景观环境风格相适应,要与地域文化、意识形态相适应,也要与区域的历史、文化与地理文脉相吻合,使其真正成为具有地域特征的公共艺术。

2. 注重形式

艺术创作往往是内容决定形式,形式为内容服务。然而现代公共艺术则是把形式放在首位,努力让作品与景观环境在功能、形态、尺度等方面相适应,并追求唯美的造型形态。

3. 强调共性

公共艺术是大众的艺术,所以比较推崇雅俗共赏的大众艺术。公共艺术在形式、题材内容上要迎合公众的趣味,力求使公众在通俗有趣、生活化的审美环境里享受到公共艺术的艺术魅力。因此,极端个性化或属于艺术探讨性的作品从严格意义上讲是不属于公共艺术,这也是公共艺术设计的大忌。

(三)方案初步形成

针对放置环境的预想效果进行深入研究,使公共艺术作品设计通过这一阶段的反复推敲,形成初步方案。方案制定时首先考虑公共艺术形态与环境的协调关系;其次是把预想效果做得尽可能与将来实际公共艺术景观一致,使艺术家的创意思想得到有效传递。

第三章　城市景观中公共设计基本原理与流程

图 3-42　法国铜铸群雕　奥西普·扎特金

图 3-43　苏黎世艺术博物馆前广场中的水景、
　　　　　人物雕塑与环境很相适应

图 3-44　雕塑《第一代》

　　法国巴黎蓬皮杜艺术中心广场侧的水池及雕塑群,由里凯·德·圣菲尔、吉恩·舍格里创作。设计者在这里用夸张的造型和色彩,举办了这样一场"假面狂欢舞会",为低沉的城市注入了高昂的音调和鲜艳的色彩(图 3-45)。

图 3-45 蓬皮杜艺术中心广场

图 3-46 方案的预想草图(设计:金国胜)

二、公共艺术创作与实施

(一)创作要求

(1)在艺术的公共领域,作为公共景观的艺术设计应该面对公众的反应,它是大众的、通俗的。正因为如此,公共艺术在形式、题材内容上要迎合公众的趣味,力求使公众在通俗化、生活化的审美环境里享受公共艺术的艺术魅力。因此,极端个性化或属于艺术探索性的作品是公共艺术设计的大忌。

(2)公共艺术不能孤立地存在于公共空间,不能与周边环境景观相脱离,它必须与城市整体风貌、社会背景、地域文化相融合,成为整体景观的有机组成部分。因此,公共艺术设计不但要认识艺术本身的特殊性,而且还要站在大环境视角下全面认识公共艺术的造景规律和方法,否则公共艺术将失去其作为提升特定环境品位的意义。

图3-47 生活化的公共艺术

图 3-48 法国街头活泼可爱的动物雕塑

(3)把握好材料与环境的关系是公共艺术与建筑以及景观环境达到完美统一的关键。对于公共艺术,材料不仅可以完成作品本身的形式美感,而且能更进一步完成艺术家对于建筑以及景观环境的理解和情感的寄托。首先材料的颜色和肌理要与建筑以及景观环境相协调;其次必须考虑材料的耐久性,作为放置室外的构筑物,任何非抗腐蚀材料都将在短期内消失,最终失去其意义。

(二)公共艺术作品放大制作

公共艺术作品的放大制作原则上可以由雕塑工厂来完成,但是,由于工厂的技术所限,一般具象形态的都得由雕塑家亲自放大,抽象形态的也得在雕塑家指导下按定稿及相关图纸完成。不过,在放大制作的过程中,还有大量属于技工类工作,这些就由这些工种的技工来完成,如翻制工、焊工、木工、石工、金工等。

图 3-49　充满童趣的装饰雕塑

图 3-50 所示的这个造型像把块状的花岗岩组合成框架状的建筑遗迹,更像把缺少的部分留给未来的造型。

图 3-50　框架状造型

看到图 3-51 这件作品的人肯定会想美术到底是什么,并会四处寻找作品在什么地方。在圣马托的高利收藏园中,在树木繁茂

第三章 城市景观中公共设计基本原理与流程

的湿漉漉的山谷间铺上木板路,旁边堆立起材料,形态像门一样的造型,这些就是我们要寻找的作品。这件作品不破坏自然,并且能观察植物和环境,是件为自然增色的作品。

图 3-51　高利收藏园中的作品

第四章 城市公共设施的新颖设计

公共环境设施设计是伴随着城市发展而产生的,融工业产品设计与环境设计为一体的新型环境产品设计。公共设施的存在与演变体现了人类的文明程度与城市的发展程度,同时公共设施的性质又与城市的环境性质相一致,具有文化性、多元性、特定性的设计特点。它是城市空间不可或缺的元素,是城市的细节设计。

公共建筑、公共场所包含的门类繁多,随之发展、与之配套的还有实用功能的饮水机、路灯、指示牌及设计新颖的现代环境设施的自助系统、电话亭、公共汽车站、儿童游乐设施,等等。

第一节 城市照明设施的创新性设计

伴随着城市经济的起飞,灯光文化已成为城市中一道亮丽的风景线,闪烁人心。人们走出家门,走向精彩的不夜之城。照明不再是单纯的工具需要,而发展成为集城市照明、装饰环境于一体的公共景观艺术,成为创造、点缀城市空间的重要因素。光明,改变了城市面貌,成为精神文明的镜子。

一、城市照明的类型

城市照明按照功能可以分为功能性和装饰性两大类;按照设置位置可分为交通照明、广场照明、庭院照明、水下照明,以及建

第四章　城市公共设施的新颖设计

筑形体照明等,或是路灯、广场塔灯、园林灯、水池灯、地灯、霓虹灯、电子广告灯、广告造型灯、串灯等形式。

(一)交通路灯

路灯是反映城市环境道路特征的公共设施,它在城市中涉及面最广,并占据着相当的空间高度,还作为重要的区域划分和引导因素,是公共艺术设计中的重要内容之一。路灯按照不同的分类方法可分为不同的类型,如按照高低不同和尺度差别可分为高竿路灯、中型柱灯和低位柱灯;按其用途又可分为步行与散步道路灯和干道路灯。

高竿路灯主要用于城市干道、环城大道或停车场,灯柱的高度一般在 4~12m,设计主要以功能为主(图 4-1,图 4-2)。

图 4-1　高竿路灯(一)

图 4-2 高竿路灯(二)

高竿路灯按照灯具的形式,又可细分为横向式高竿路灯和直向式高竿路灯。横向式高竿路灯外形有琵琶形、流线型、方盒形等,其特点是美观大方、反射合理、光分布良好。

塔灯又称高柱灯,高度一般在 20~40m,设于城市交通要道,成为交通枢纽的标志(图 4-3、图 4-4)。

图 4-3 塔灯(一)

图 4-4 塔灯(二)

第四章 城市公共设施的新颖设计

道路灯灯柱高度一般在 1~4m,并设于道路一侧,一般为等距离排列或自由布置,适用于城市支道、散步道或居住区小路;也常用于广场交通区域。它的光照强度比较柔和,表现出强烈的装饰性。

图 4-5　散步道路灯

(二)庭院照明

庭院照明,指在人们休闲公共场所的照明。它的设计一般应采用低调方式,照明强度不宜过大,灯具造型要简洁雅致,用于表现一种亲切温馨的气氛,给人以艺术的享受。庭院灯灯头或灯罩多数向上安装,灯柱和灯架一般设置在地坪上。灯柱多用石材或铸铁材料制成,灯具多采用乳白色玻璃,以获得自然亲切的效果。

庭院灯按位置不同可分为园林小径灯、草坪灯、水池灯等。小径灯高 1~4m,置于小径边,与树木、建筑物相映生辉,追求一种幽雅的意境(图 4-6,图 4-7)。它的造型自由度高,有欧式、日本式和中国传统样式,也有古典和现代样式等,设计时从不同地段和环境的特点出发而采用最佳的形式。

图 4-6　小径灯(一)　　　　图 4-7　小径灯(二)

草坪灯安装在草坪边界处。为展现草坪开阔的空间,草坪灯一般比较低矮,灯具位置在人的视线之下,高为 0.3~1.0m 左右(图 4-8,图 4-9)。灯光柔和,外形小巧玲珑,有的还能播放迷人的乐曲,令游人心醉。

图 4-8　草坪灯(一)　　　　图 4-9　草坪灯(二)

水池灯设置于水池之内,密封性要求特别高,常采用典钨灯作光源。点亮时,灯光经过水的折射,产生出色彩艳丽的光线(图 4-10)。

图 4-10 水池灯

地灯是指埋设于园林及有关地段地面的低位路灯(图 4-11,图 4-12)。地灯像宝石那样镶嵌在道路或构筑物的内部,含而不露。这种地灯设计隐藏了自身的造型和光源的位置,只是勾画出引人入胜的地景。

图 4-11 地灯(一)

图 4-12　地灯(二)

(三)广场照明

广场照明通常采用路灯、地灯、水池灯、霓虹灯以及艺术灯相结合的方式,有些处于交通枢纽地段的广场也常常设置高柱的塔灯等。广场照明应突出重点,许多广场中央设纪念碑或喷泉、雕塑等趣味中心,照明设置既要照顾整体,又应在这些重点部位加强照明,以取得独特效果(图 4-13)。

图 4-13　广场路灯

第四章 城市公共设施的新颖设计

(四)水下照明

水下照明,一般是在广场、大厅及庭院等空间中设置。灯光喷水池或音乐灯光喷泉可以呈现出姹紫嫣红的美妙幻景,取得光色与水色相映成趣的效果(图4-14)。水下灯的光源一般采用220V、150~300W的自反射密封性白炽灯泡,并具有防水密封措施的投光灯,灯具的投光角度可随意调整,使之处于最佳投光位置,达到满意的光色效果。

图4-14 广场水池灯

(五)霓虹灯

霓虹灯是现代城市夜生活中的佼佼者,它以其多变的造型和艳丽的光彩被现代都市人广泛应用于广告、指示、娱乐场所及艺术造型等许多方面。霓虹灯具有细长的灯管,并根据需要变换成各种图形或文字;在霓虹灯光路中按入控制装置,可取得循环变化的色彩图案和自动明灭的灯光闪烁效果,给夜空带来不尽的光彩(图4-15,图4-16)。

 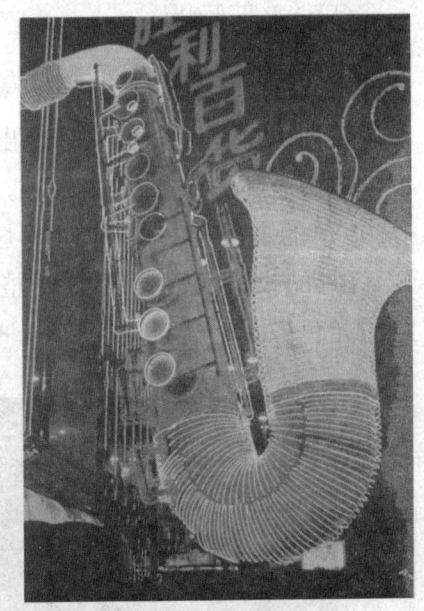

图 4-15　霓虹灯(一)　　　　图 4-16　霓虹灯(二)

(六)其他灯具

灯光照明的类型除了上述的五个门类外,还有如冰灯、灯笼、组灯等。冰灯是一种寒地灯饰艺术,通过雕刻、塑型、建筑等手法,可以创造出一个整体的冰雪艺术世界,这在北方广为流行(图 4-17)。

图 4-17　冰灯

第四章　城市公共设施的新颖设计

灯笼是我国传统的灯饰艺术,以竹子、钢筋等形成笼骨,用纸或现代的化纤材料做罩面,可以创造出千姿百态的造型,夜色朦胧中别具东方情调(图4-18)。

图4-18　灯笼照明

组灯是以组群的方式来形成灯的造型,具有雕塑效果,并强调艺术性(图4-19)。灯光与现代材料、技术、环境、意境结合,可以创造出多彩而又神秘的艺术氛围。

图4-19　虎年组灯

二、城市照明的设计

城市照明并非是一个单纯的灯光问题,往往涉及环境空间的各个方面。因此,它又是一种名副其实的公共艺术。城市环境照明设计的具体特点和要求如下。

(一)合宜的照明度与质量

灯具设计的材质要求:一是要富有时代感。灯具造型与材料应尽量体现现代科学最新成果与文化风貌。二是要尺度宜人。灯饰的尺度应符合特定功能与空间环境的合理关系,比例配置相当严密(图4-20)。三是坚固耐久。要求尽量选择耐久性能精良、便于维修更换的形式与材料。

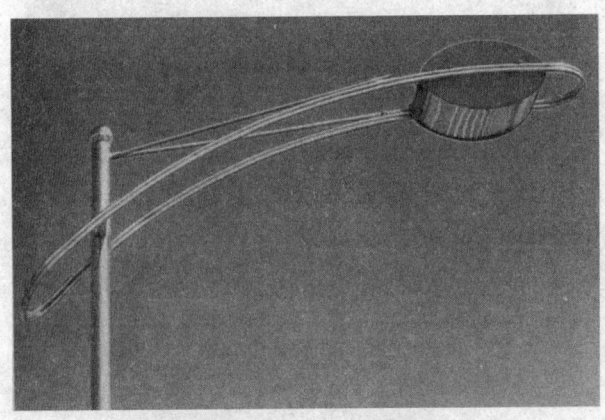

图4-20 灯具外形、色彩、尺度与环境相协调

在城市照明设计中,照明尺度的把握是涉及灯具形式美的重要环节,必须周密安排:一是灯柱的高度应与周围建筑环境协调;二是灯具与灯柱各种组合因素之间应相称、呼应、互为补充;三是灯具本身应匀称、整齐、得体;四是亮度要与特定的环境氛围和特种功能相符合,发挥目标作用。

(二)营造和谐的环境氛围

灯光文化有一个很重要的特点是,必须体现城市环境的文脉、地脉特色。灯饰造型应具有强烈的地方、区域、民族的特点,恰当地提取代表地方文脉的符号、标志,体现出市民共同的心愿;城市照明还得顺应城市的地形地貌,融入人文环境、社会环境,体现滨海

第四章　城市公共设施的新颖设计

城市、山城、边陲等不同类型城市的特点。例如北京、西安等古老的平原城市,街道相当规整,古色古香,灯具设计应恰当地运用传统形式符号并推陈出新(图 4-21);新型的现代城市,如深圳、大连、青岛、珠海等依山傍海,城市格局洋溢着浓厚的西欧情调(图 4-22),其灯具造型自然应呈现西洋风采,并尽量融入自然,展现其独特的地理与人文气息。

图 4-21　传统灯具

图 4-22　欧式灯具

第二节 公交站台与报亭、电话亭的多变性设计

一、公交站台设计

随着城市的快速发展,人们的生活节奏变得越来越快,公交车作为人们出行时必不可少的交通工具扮演着越来越重要的角色。公交车能否按时快速地运行,公交站台美观、舒适与否是人们越来越关注的焦点。

公交站台的设计材料:运用玻璃与不锈钢等现代材料来营造美观、舒适的公交站台(图4-23)。整个外观曲面体现玻璃的飘逸,不锈钢型材的硬朗。

图4-23 公共服务设施(公交站台设计)(一)

第四章 城市公共设施的新颖设计

公交站台的设计要点：站台顶局部采用玻璃顶棚，直接把阳光引到站台内部，最大限度地与外界结合。立面上部的电子显示器，可显示各路汽车现在在路面上的运行情况，两侧的公交线路指示牌可使乘客方便快速地了解汽车的到站时间，减少乘客的无谓等待时间，提高乘客的工作效率。站台整体设计高于地面，站台口高度与公交车进出口持平，站台一侧的无障碍通道使弱势群体更能方便地上下车。

公交站台可通过深层挖掘城市人文、地理、历史文化，使其独具特色，形成街道景观新亮点（图 4-24～图 4-27）。在完善自身布局建设、加强站台管理的同时，最大限度地满足居民出行需求。

图 4-24 公共服务设施（公交站台设计）（二）

图 4-25　公共服务设施(公交站台设计)(三)

图 4-26　公共服务设施(公交站台设计)(四)

第四章 城市公共设施的新颖设计

图 4-27 公共服务设施(公交站台设计)(五)

二、报亭、电话亭设计

(一)报亭设计

新式报刊亭应符合都市的地位和本地文化的要求,外观要融入本市街道的整体风格之中,成为都市的亮丽风景线(图 4-28～图 4-30)。报刊亭的外观要美丽大方,色彩明快;亭体结构要坚固,材料环保、经济、耐用;具备防盗、防雨、防风、防潮、防雷击、防水浸、防风功能,便于移动。

图 4-28 公共服务设施(报刊亭设计)(一)

图 4-29　公共服务设施（报刊亭设计）（二）

图 4-30　公共服务设施（报刊亭设计）（三）

（二）电话亭设计

公用电话亭是城市必备的公共设施之一，它的发展经历了由昔日广大市民喜爱到目前的无人问津。设计师应设计出功能多样化、结构合理化、形态生动化、色彩协调化、人性化的新型公用电话亭（图 4-31～图 4-38）。

第四章 城市公共设施的新颖设计

图 4-31 公共服务设施(电话亭设计)(一)

图 4-32 公共服务设施(电话亭设计)(二)

图 4-33　公共服务设施（电话亭设计）（三）

图 4-34　电话亭雕塑

第四章 城市公共设施的新颖设计

图 4-35 公共服务设施(电话亭设计)(四)

图 4-36 公共服务设施(电话亭设计)(五)

图 4-37 公共服务设施(电话亭设计)(六)

图 4-38 公共服务设施(电话亭设计)(七)

第三节 城市座椅与垃圾箱的协调性设计

一、座椅设计

座椅无论是传统的还是现代的,作为一个单体来说,它都体现了一种结构的美、材质的美、形体的美。而当一把椅子处在一种环境中时,那它就应当与环境相协调、相依托。一把好的椅子,如果不置放在相应的环境中,就体现不出其完美性。座椅设计的要点主要体现在以下几个方面。

(1)座椅是住宅区内供人们休闲的不可缺少的设施,同时也可作为重要的装点景观。设计时应结合环境规划来考虑座椅的造型和色彩,力争简洁适用,应注重居民的休息和观景(图4-39~图4-53)。

图4-39 休息设施(座椅设计)(一)

图 4-40　休息设施(座椅设计)(二)

图 4-41　休息设施(座椅设计)(三)

第四章 城市公共设施的新颖设计

图 4-42 休息设施(座椅设计)(四)

图 4-43 休息设施(座椅设计)(五)

图 4-44 休息设施(座椅设计)(六)

图 4-45 休息设施(座椅设计)(七)

第四章 城市公共设施的新颖设计

图 4-46 休息设施(座椅设计)(八)

图 4-47 休息设施(座椅设计)(九)

图 4-48　休息设施(座椅设计)(十)

图 4-49　休息设施(座椅设计)(十一)

第四章 城市公共设施的新颖设计

图 4-50 休息设施(座椅设计)(十二)

图 4-51 休息设施(座椅设计)(十三)

图 4-52 休息设施(座椅设计)(十四)

图 4-53 休息设施(座椅设计)(十五)

第四章　城市公共设施的新颖设计

(2)室外座椅的设计应满足人体舒适度要求,普通座面高通常的38～40cm,座面宽40～45cm。标准长度:单人椅60cm左右,双人椅120cm左右,3人椅180cm左右,靠背座椅的靠背倾角为100°～110°为宜。

(3)座椅材料的种类是十分丰富的,应优先采用触感好的木材,木材应作防腐处理,座椅转角处应作磨边倒角处理。

二、垃圾箱设计

垃圾容器一般设在道路两侧和居住单元出入口附近的位置,其外观色彩及标志应符合垃圾分类收集的要求。

垃圾容器分为固定式和移动式两种。放置在公共广场的一般要求规格较大一些的。

垃圾容器应选择美观与功能兼备,并且与周围景观相协调的产品,要求坚固耐用,不易倾倒(图4-54～图4-64)。材料的选择也很多样。

图4-54　卫生设施(垃圾箱设计)(一)

图 4-55 卫生设施(垃圾箱设计)(二)

图 4-56 卫生设施(垃圾箱设计)(三)

图 4-57 卫生设施(垃圾箱设计)(四)

第四章　城市公共设施的新颖设计

图 4-58　卫生设施(垃圾箱设计)(五)

图 4-59　卫生设施(垃圾箱设计)(六)

图 4-60　卫生设施(垃圾箱设计)(七)

图 4-61　卫生设施(垃圾箱设计)(八)

第四章 城市公共设施的新颖设计

图 4-62 卫生设施(垃圾箱设计)(九)

图 4-63 卫生设施(垃圾箱设计)(十)

图 4-64 卫生设施(垃圾箱设计)(十一)

第五章 城市公共空间环境分类设计

城市公共空间艺术设计,内容包括广场、街道、公园、店面的设计,通过对建筑风格、水体形态、商业环境、城市空间、区域特色、园林绿化与公共艺术设计关系的阐释,从而让读者更好地理解设计中的三大内容:优美宜人的景观、功能人性化、具备生态作用和绿化量。

第一节 城市公共空间的多样性设计

一、城市广场设计

(一)广场的定义

广场是指面积广阔的场地,特指城市中的广阔场地。它是城市道路枢纽,是城市居民重要的活动空间,通常是大量人流、车流集聚的场所。在广场中或其周围一般布置着重要建筑物,往往能集中表现城市的艺术面貌和特点。广场在城市中的地位和作用非常重要,是城市规划布局的重点之一。

(二)广场的功能分类

广场分为市政广场、纪念性广场、休闲广场、商业广场等。

1. 市政广场

一般政治性广场，应有较大场地供群众集会、游行、节日庆祝联欢等活动之用，通常设置在有干道联通，便于交通集中和疏散的市中心区，其规模和布局取决于城市性质、集会游行人数、车流人流集散情况以及建筑艺术方面的要求，如北京天安门广场（图 5-1）和南昌的几个市政广场（图 5-2～图 5-4）。

图 5-1　天安门广场

图 5-2　南昌市政广场

图 5-3　南昌八一广场

图 5-4　南昌红谷滩广场

2. 纪念广场

建有重大纪念意义的建筑物,如塑像、纪念碑、纪念堂等,在其前庭或四周布置园林绿化,供群众瞻仰、纪念或进行传统教育,如北京天安门广场、南昌八一起义纪念广场。

3. 休闲广场

休闲广场建设规模不一定很大,一般位于市中心或居住小区内,主要功能为休憩、演出、举行各种娱乐活动。休闲广场形式布局灵活多样,如南昌市秋水广场就给人以轻松、惬意、悠闲之感(图 5-5,图 5-6)。

图 5-5 秋水广场(一)

图 5-6 秋水广场(二)

第五章 城市公共空间环境分类设计

4. 商业广场

商业广场为商业活动之用,一般位于商业繁华地区(图 5-7,图 5-8)。广场周围主要安排商业建筑,也可布置剧院和其他服务性设施;商业广场有时和步行商业街结合。城镇中集市贸易广场也属于商业广场。

图 5-7 商业广场(一)

图 5-8 商业广场(二)

在城市总体规划中，广场规划设计要运用视觉艺术规律和各种艺术的、技术的手段，把各要素有机地结合起来，创造出富有魅力的空间艺术面貌。

二、城市街道设计

(一)街道的定义

街道要具备三个方面的功能：交通、环境生态、景观形象。首先要满足街道道路的交通功能的需要，然后才是结合道路两侧及周边地带的环境绿化和水土养护发挥环境生态作用，实现景观形象功能，创造优美的景观形象。

(二)步行街道的类型

1. 车步混合空间

车步混合空间主要包括对机动车限制速度、限制时间、限制通行方向、限制路线等多种方式。以步行为优先，在一定的限制下允许机动车通行；为解决交通运输需要，保障行人安全和活动的自由度，对机动车没有严格限制，对道路设置采取有效的措施。

2. 立体步行空间

城市交通系统中不同交通方式的立体切换、建筑跨越交通路线形成整体群组、城市广场高抬或下沉以改善高空和地下的环境质量、自然要素、生态景观与建筑、交通、市政设施的上下层叠等。

3. 微型开放空间

微型开放空间的主要特点有分布广、尺度小、交通便捷、使用舒适等，一般位于城市中心区域的路边公共空地等处。

4. 商业步行街空间

商业步行街是步行街中的一种,城市中商业活动集中的街道,由大量的零售业、服务业商店作为主体,集中于一定的地区,构成有一定长度的街区。

(三)商业步行街的设计原则

商业步行街在规划的过程中,一定要综合考虑多种因素,同时,从实际出发,合理规划,这样才能保证商业步行街达到经济、文化、社会效益的最优化(图5-9~图5-11)(商业步行街的设计原则主要体现在以下几个方面)。

(1)合理选址,准确定位。
(2)规模适度原则。
(3)营造良好的购物环境。
(4)道、场空间的合理安排。
(5)以人为本,充分考虑不同层次顾客的需要。
(6)结合本地文化,突出特色。

图5-9 武汉江汉步行街

图 5-10 南屏步行街

图 5-11 上海南京路步行街

三、城市公园设计

(一)城市公园的概念

城市公园是城市景观的重要组成部分,是向公众开放的,由

第五章　城市公共空间环境分类设计

政府或公共团体建设经营，供公众游憩、观赏、娱乐，进行体育锻炼、科普教育的场地，具有改善城市生态、防灾减灾、美化城市的作用，积极而有力地促进了城市经济、文化、环境的发展。

(二)城市公园的分类及组成要素

1. 国外城市公园分类

美国纽约中央公园的成功影响和推动了世界各国的城市公园的发展。由于各国文化、经济、社会、地理环境、城市发展及科技水平的差异，公园规划设计也呈现出不同的发展趋势。许多国家根据本国的情况确定了自己的分类系统(表 5-1)。

表 5-1　国外城市公园分类

国家	城市公园类型	备注
美国	①儿童公园；②近邻娱乐公园；③运动公园(包括运动场、田径场、高尔夫球场、海滨游泳场和露营地)；④教育公园(包括动物园、植物园、标本园和博物馆 等)；⑤广场公园；⑥市区小公园；⑦风景眺望公园；⑧水滨公园，⑨综合公园；⑩林荫大道与公园道路；⑪保留地	美国的公园强调对自然的保护和利用，以优美的风景、遮蔽地、草坪和水面为主体，只在运动场和游戏场设较多的设施
德国	①郊外森林公园；②国民公园；③运动场及游戏场；④各种广场；⑤花园路；⑥郊外绿地；⑦分区园；⑧运动公园	
日本	①儿童公园；②邻里公园；③地区公园；④综合公园；⑤运动公园；⑥风景公园；⑦动植物园；⑧历史公园；⑨区域公园；⑩游憩观光公园；⑪国营公园	

2. 中国城市公园分类

《城市绿地分类标准》中将公园绿地按其主要功能和内容，分为综合公园、社区公园、专类公园、带状公园和街旁绿地 5 个种类及 11 个小类(见表 5-2),小类基本上与《公园设计规范》的规定相对应。

表 5-2 公园绿地分类

类别名称	内容与范围	备注
公园绿地	向公众开放,以游憩为主要功能,兼具生态、美化、防灾等作用的绿地	
综合公园	内容丰富,有相应设施,适合于公众开展各类户外活动的规模较大的绿地	
全市性公园	为全市居民服务,活动内容丰富、设施完善的绿地	
区域性公园	为市区内一定区域的居民服务,具有较丰富的活动内容和设施完善的绿地	
社区公园	为一定居住用地范围内的居民服务,具有一定活动内容和设施的集中绿地	不包括居住组团绿地
居住区公园	服务于一个居住区的居民,具有一定活动内容和设施,为居住区配套建设的集中绿地	服务半径:0.5~1.0km
小区游园	为一个居住小区的居民服务配套建设的集中绿地	服务半径:0.3~0.5km
专类公园	具有特定内容或形式、有一定游憩设施的绿地	
儿童公园	单独设置,为少年儿童提供游戏及开展科普、文体活动,有安全、完善设施的绿地	
动物园	在人工饲养条件下,移地保护野生动物,供观赏、普及科学知识,进行科学研究和动物繁育,并具有良好设施的绿地	
植物园	进行植物科学研究和引种驯化,并供观赏、游憩及开展科普活动的绿地	
历史名园	历史悠久,知名度高,体现传统造园艺术并被审定为文物保护单位的园林	

续表

类别名称	内容与范围	备注
风景名胜公园	位于城市建设用地范围内,以文物古迹、风景名胜点(区)为主形成的具有城市公园功能的绿地	
游乐公园	具有大型游乐设施,单独设置,生态环境较好的绿地	绿化占地比例应大于等于65%
其他专类公园	除以上各种专类公园外具有特定主题内容的绿地。包括雕塑园、盆景园、体育公园、纪念性公园等	绿化占地比例应大于等于65%
带状公园	沿城市道路、城墙、水滨等,有一定游憩设施的狭长形绿地	
街旁绿地	位于城市道路用地之外,相对独立成片的绿地,包括街道广场绿地、小型沿街绿化用地等	绿化占地比例应大于等于65%

(三)城市公园规划设计

1. 总体布局

(1)山水构架

①地形。地形是园林的骨架,地形处理是设计的首要工作之一。地形设计要根据总体设计构思,考虑排水和一系列景观因素来完成。地形设计可以改善原有的地貌形式,创造不同的空间,满足不同的使用功能要求,是园路设计、种植设计、建筑设计的基础。

②水体。水体是地形设计中不可缺少的组成部分。水被称为园林的灵魂,水体分为静水和动水两种类型,静水包括湖、池、塘、潭、沼等形态;动水有河、溪、瀑布、涧、渠、喷泉、涌泉等。水体中还形成堤、岛、洲、渚等地貌。

(2) 分区规划

①景区划分。景区划分是从艺术和美学角度来考虑公园的整体布局,是将公园中较突出的自然景观与人文景观划分为不同的区域,每个区域拟定某一主题进行统一规划,突出各景区的特色。

②功能分区。功能分区是从使用的角度,将公园用地按照活动内容进行分区,通常分为:观赏游览区、文化娱乐区、安静休息区、儿童活动区、老人活动区、体育活动区、科普文化区、公园管理区等。主题公园和专类园可根据具体情况进行分区。

(3) 园路系统

公园设计中的道路体系不仅仅起到交通运输和人流集散的作用,而且可以分割园内的空间,并起到游览引导的作用。因此,园路是联系公园内各景区、景点的导游线、观赏线。

①园路的等级。公园内的园路一般分为主园路、支路、小路。主园路是联系各景区的道路,通常与主要出入口相连接,一般呈环形布局,构成园路系统的骨架。主路纵坡宜小于8%,横坡宜小于3%。支路是连接景区内各景点的道路。小路是景区内通往各景点的散步、游玩的小路。支路和小路纵坡宜小于18%。园路宽度依据公园面积及主要功能来确定。

②园路的规划。园路的布置要把众多的景区、景点有机地联系起来,平面布置上宜曲不宜直,立面设计上也要根据地形变化有高低起伏。多条园路相交于一处时,要将结点放大成一个广场;两条园路交叉时,交叉角度不宜太小,避免形成狭长的尖角地区。园路要成环网结构,避免游人走回头路(图5-12)。

2. 园林建筑与小品

建筑与小品是城市公园的组成要素,在公园布局和组景中起控制和点景的作用。

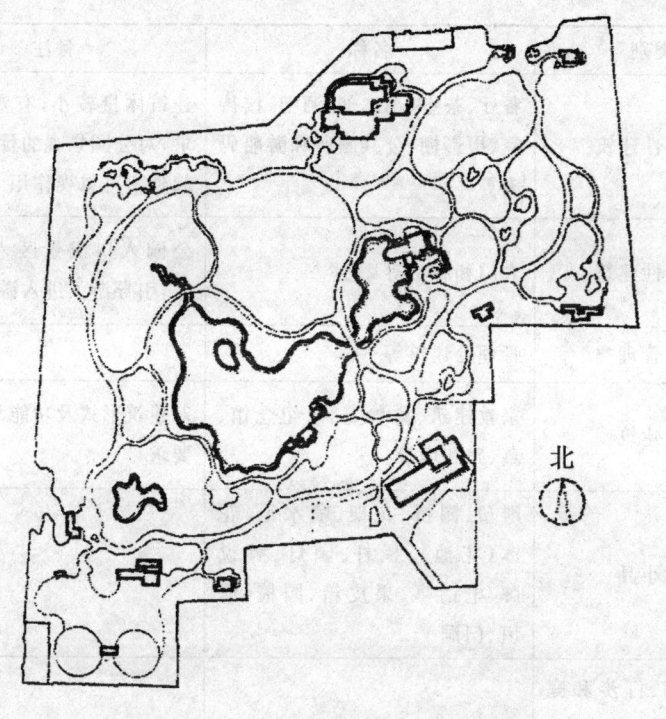

图 5-12　北京丰台花园道路广场

(1)园林建筑与小品类型

公园中的建筑与小品类型繁多,一般从功能和观赏性两个方面考虑建筑形体的设计。从功能上看可归纳为表 5-3。

表 5-3　建筑与小品类型

类别		名称	备注
建筑	文化宣传类建筑	展览馆、陈列室、阅览室、植物温室和盆景廊(盆景园)等	一般规模较小,在内部功能上要符合展览要求,同时自身也应成为展览品
	文体类建筑	游艺室、棋牌室、露天剧场、溜冰场、游泳池和球馆等	
	游憩类建筑	亭、廊、榭、舫、楼、阁、厅、堂、馆、轩、斋、室和台等	公园中供游人观赏和休息的建筑形式,起到点景的作用

续表

	类别	名称	备注
建筑	服务性建筑	餐厅、茶室、小卖部、酒吧、接待室、摄影棚、公共厕所和游船码头等	建筑体量较小,有观赏性要求,对公园景观的优美、和谐起到不可忽视作用
	引导性建筑	大门和牌坊等	公园入口或景区入口的标志,引导游人进入游览
	办公管理类	管理处建筑等	
	特殊建筑	宗教建筑、禽兽笼舍、纪念馆、墓、碑和塔等	对建筑形式及功能均有特殊要求
	园林小品	雕塑、园桥、花架、喷水池、花钵(花池)、栏杆、园灯、解说牌、电话亭、果皮箱、园椅、墙垣、门洞	
		漏窗、汀步和庭院灯等	

(2)园林建筑与小品设计

公园中,园林建筑设计要结合地形地势,依据自然环境、功能的要求选择建筑类型和基址的位置。并在基址上做风景视线分析。体量和造型要与周围环境协调,既满足功能需要也要满足景观需要,同时也应体现特色(图 5-13)。

3. 植物配置

植物在城市公园中占有很重要的地位,是城市公园设计中不能缺少的要素。除了美化和观赏,植物能使整个公园充满生机,带来四季不同的季相变化,净化空气、调节气温、防护遮阴,并能创造不同的园林空间(图 5-14)。

第五章 城市公共空间环境分类设计

图 5-13 鞍山二一九公园大门

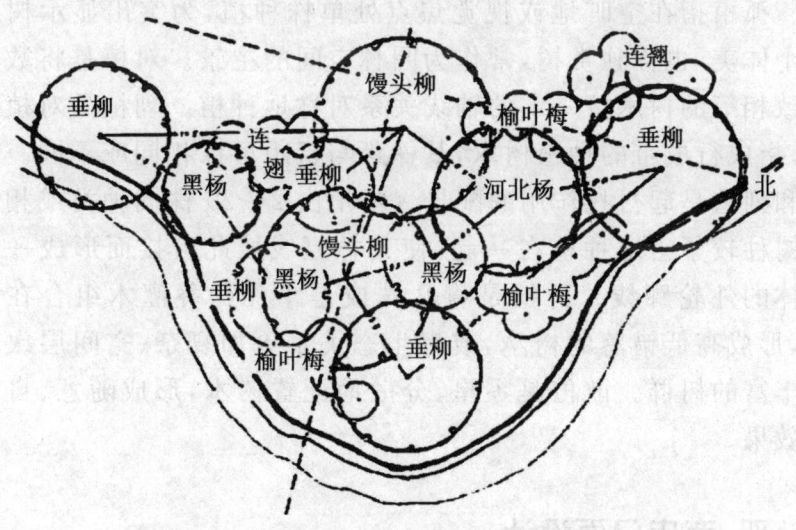

图 5-14 北京顺成公园种植设计平面图(阜北段)

(1)植物配置原则

①适地适树的原则,根据当地自然条件选择树种,尽量采用本地植物以乡土树种为公园的基调树种。

②多样性原则,选择多样性的植物品种,形成丰富的植物景观效果。

③生态性原则,合理搭配形成稳定的生态群落。

④艺术性原则,对植物形态进行精心组合,体现造景特色。

⑤功能性原则,既考虑生态效益,也要兼顾组织空间、卫生防护的功能。

⑥人与自然和谐的原则,更多地考虑人与自然的接触和交流。

(2)植物种植形式

植物种植形式分为规则式种植和自然式种植。在中国古典园林及大型公园和风景区中,植物配置多采用自然式,但在局部地区,特别是主体建筑物附近和主干道路旁则采用规则式。园林植物的布置方法主要有孤植、对植、列植、丛植、群植、散植等等。孤植指在空旷地或视觉焦点处单株种植,为突出显示树木的个体美,也称独赏树,常作为园林空间的主景。对植是将数量大致相等的树木按一定的轴线关系对称地种植。列植是对植延伸,指成行成带的种植树木,其株距与行距可以相同或不同。对植和列植是起衬托作用的配景。丛植由2~20株同种类或相似的树种较紧密地种植在一起,使其林冠线彼此密接而形成一个整体的外轮廓线。群植是将几株或是十几株乔灌木组合在一起,形成高低错落的树丛,或者生态关系更加复杂、空间层次更加丰富的树群。散植是零星、分散地配置树木,形成随意、自然的效果。

四、商店门面设计

(一)商店门面设计的定义

商店门面形象无疑就如人的脸面对于人的形象重要一样,为其形象的突出表现部分,必须一步到位,力争让顾客产生好印象,也就是说既要有精神上的美感,又要在现实中促进人购物的欲望。

(二)店面设计的基本类型

1. 开放型

店面正对大街的一面全部开放,不设任何障碍,没有橱窗,顾客可自由出入。一般常用于出售食品、水果、蔬菜、小百货等日常用品的商店。

2. 半开放型

这种类型的店铺出入口适中,玻璃明亮,店铺内部商品一目了然。一般常用于经营服装、化妆品等中高档商品的店铺。

3. 封闭型

有些店铺将面向大街的一面用橱窗或有色玻璃遮蔽起来,入口也尽可能地做得较小。这类店铺多经营高档商品,如珠宝首饰、音像设备之类。它突出了经营贵重商品的特点,设计别致,用料精细,使进店的顾客具有与众不同的优越感,而且街上的顾客难以看到店堂内部,从而为有心购买的顾客提供了一个优雅、安静的购物氛围。

(三)店面设计的原则

在进行店面设计之前,首先应了解店铺所销售商品或所提供服务的种类、规模以及特点,使之尽量与店面外部形式及周边环境等相互协调(图5-15～图5-22)。在设计构思上,还应最大限度地提升店铺形象。

店面设计需要考虑以下几点。

(1)必须符合自身的行业特点,从外观和风格上反映出店铺的经营特色。

(2)设计要与原有周边环境及建筑风格相协调。
(3)店面装饰要简洁,主题突出,色彩要统一协调。
(4)招牌上字体大小要适度,粗细要适合整体布局。
(5)店外的广告、宣传设计要遵守相关的法律、法规。

图 5-15　太阳地酒吧门面

图 5-16　休闲餐厅门面

第五章 城市公共空间环境分类设计

图 5-17 一千一夜门面

图 5-18 虹蕃音乐餐厅门面

图 5-19　小餐厅门面

图 5-20　美容生活馆门面

第五章　城市公共空间环境分类设计

图 5-21　商业店铺门面（一）

图 5-22　商业店铺门面（二）

图 5-23 所示的设计注重自然材质的表现及自然光照的表现，力图最大限度地体现朴实、原始的感觉。为迎合红木家具店的传统风格，在设计中运用了红、黑等传统色彩，同时运用了木栅格、牌匾

等传统元素,烘托出了传统建筑的特色,体现了传统家具店的特色。

图 5-23 红木家具店门面设计

　　自然厚重的材质运用,使空间有返璞归真之感,建筑本身的特征也得到了较好的彰显,这是一个可以令人细心品味的空间。无拘无束的线条表现,使画面厚重又不失灵动。在设计中同样运用了红色为代表的中国色,同时运用了灯笼、大钉门、木牌坊(图 5-24)等元素使传统味道非常浓厚。

图 5-24 唐韵茶坊门面设计

第二节 公共艺术设计与环境相融合

一、公共艺术设计与建筑风格

建筑外观主导着城市空间的设计特色和审美趋向,是城市环境中最醒目、最基本的构成因素。设计要因建筑风格、功能而异;要因人、因地、因时而有所区别,使建筑与公共艺术更加融合,空间环境得到进一步升华。

二、公共艺术设计与水体形态

充分利用水与人的亲和力,创造出丰富的亲水体验。在设计水景形态的同时要考虑到与公共艺术结合,无论是动物造型的点缀,还是无主题雕塑的强化,或是人与水关系的衬托,均使水体的设计在自然的形态上更加艺术化并给空间环境带来意想不到的动感与情趣。

图5-25所示为德国慕尼黑艺术之家对面的办公建筑入口,利用空间的加分互补形成独具个性的建筑标志。

图5-26所示为作品以稍加旋转的圆环,寓意地球的旋转,人类得以生活在四季变换的自然中。作品的另一个含义:由于利益关系,什么事情都不在乎,以至于生存在一个基准失衡的世界中。

图 5-25　办公建筑入口

图 5-26　公共艺术造景作品

第五章 城市公共空间环境分类设计

图 5-27 实景效果

图 5-28 所示为水体与构筑物相结合的造景,与环境融为一体。喷泉的喷水龙头和喷水量由计算机控制人们可以欣赏到不断变幻的水流。

图 5-28 公共艺术造景作品

图 5-29 所示为水造型的雕塑，位于法兰克福金融街的一个环形公园中。两个漂亮女郎躺在水中，任时光在身边流逝。这种远离世俗，沉睡不醒的姿势也给人们带来充实感，让人似乎感到了被大地拥抱的充实。

图 5-29　法兰克福金融街公共艺术作品

三、公共艺术设计与商业环境

塑造与众不同的商业环境可以有多种多样的艺术形式和各种各样的艺术手法。例如商业城前活泼可爱的景观雕塑，抽象与具象并存，装饰性的或幽默的形象造型，都会让人感觉轻松愉悦。在商业文化的交流与整合中，以公共艺术的艺术魅力，营造"群"和"场"的氛围，并优化和深化这种"群"和"场"的功能作用，只有协调好局部与整体、艺术与环境的相互关系时，才能塑造出独特的商业空间氛围。

四、公共艺术设计与城市空间

城市空间是指城市广场、街道、交通枢纽等人流、物流和信息流相对集中的空间。城市广场在人类定居生活的历史中,一开始便成为市民综合活动的场所,以开放的空间提供给人们聚会交流、文化娱乐等各种公共活动的便利。广场的主题决定艺术设计的定位:有以历史事件的历史人物为题材的;有以装饰性雕塑作为标志的;有以抽象造型作为城市形象的。城市街道,作为城市的脉络,是人们生活、交流、观光、购物及休闲的活动空间。而公共艺术作品的体量、形式、材质、色调、风格和具体的设置位置等都以活动空间和谐为原则,在为人们创造愉悦的同时,能够让人们自由观看、触摸、依偎甚至攀爬等,拉近艺术作品与人们的距离。另外,以曾经生活的画面用公共艺术的形式表现,构成了市民街头文化生动真实的极富生活气息的艺术场景。

图 5-30 所示,这个像小丑跳舞一样的造型传递着富有人情味的气息,它是巴黎德方斯人工新城中不可或缺的城雕。

图 5-30 巴黎城雕

图 5-31 处于交通枢纽的抽象雕塑

图 5-32 所示为当今领导欧洲具象的让·伊普斯泰吉,他真正发挥水平是在都市雕塑领域。穿过里昂罗纳河上的莫朗桥,走向市政厅,在歌剧院旁边的广场上有两个雕塑造型——织布小屋和大圆盘喷水的造型。它们位于个狭长广场的两端,表现着人类靠太阳、水而生存及靠纺织业而繁荣的里昂的历史。

五、公共艺术设计与区域特色

区域文化的特色塑造,除了满足于环境艺术的美观与整洁外,更需要把握好区域的个性。区域文化特色受制于特定的人文环境和空间物质,正确把握才能够展现其独特的艺术魅力,并起到活跃丰富整个区域文化的作用。在题材、风格、造型、色彩、材料的运用与特色的显现中,应与区域的历史、文化及地理文脉相吻合,使其成为具有地域特征的公共艺术(图 5-33)。

第五章 城市公共空间环境分类设计

图 5-32 都市雕塑作品

图 5-33 《珠海渔女》雕像已经成为珠海的城市象征

图 5-34 所示为巴西里约热内卢的耶稣雕像，游客在这座雕像附近可以看到里约热内卢市的全貌。由于该雕像位于 709 米高的山上，因此看上去十分高大。

图 5-34　巴西里约热内卢的耶稣雕像

图 5-35 所示为新加坡鱼尾狮雕塑，它面海矗立在玻璃水波雕饰基座上，以水为主题，配上灯光效果，营造出鱼尾狮浮立在海浪上的视觉效果。

图 5-35　新加坡鱼尾狮雕塑

六、公共艺术设计与园林绿化

以园林绿化为主的景观空间,往往根据地形地貌的特点来进行规划,一方面利用起伏地形、密植植被、复式林带来隔离噪音、限制交通;另一方面是以绿化为主的景观空间与地形地貌之间进行柔性连接。公共艺术可通过景观空间序列使公共艺术景点在游览线路逐次展开。在公共艺术小环境设计中,应充分利用植物造景,创造出开敞空间、半开敞空间、闭锁空间、冠下空间、带状空间等多样化空间类型。也可利用对景、障景、隔景、借景、框景等传统造园手法达到空间收放、场景变化的效果。

图 5-36 所示为利用对景、障景、隔景、借景、框景等传统造园手法达到空间收放和场景变化的效果。

图 5-36　传统造园景观

图 5-37　欧洲园林公共艺术景观

图 5-38　富丽堂皇的法国凡尔赛宫园林

第六章 城市公共艺术需求专题设计

本章从公共艺术设计的需要出发,分别在城市雕塑、壁画艺术及装置、装饰艺术四个方面做出理论概括及其设计方法介绍,以此作为学习与研究的依据。公共艺术设计是个大课题,几乎在所有公共场所进行的艺术品设计都称得上公共艺术,但因篇幅有限,如绿化设计、水体艺术设计等内容就不作具体探讨了,这里也就主要课题进行解析。

第一节 城市公共雕塑分类设计

一、公共雕塑的内涵及特征

(一)公共雕塑的内涵

公共雕塑,是雕塑艺术的延伸,也称为景观雕塑、环境雕塑。无论是纪念碑雕塑或建筑群的雕塑或广场、公园、小区绿地以及街道间、建筑物前的公共雕塑,都已成为现代城市人文景观的重要组成部分。公共雕塑设计,是城市环境意识的强化设计,雕塑家的工作不只局限于某一雕塑本身,而是从塑造雕塑到塑造空间,创造一个有意义的场所、一个优美的城市环境。公共雕塑要想达到创造、优化空间的目标,离不开对环境意识的提炼、合宜的环境母题的凝成、场所空间的组织营造、场所空间特色的刻画和渲染。

(二)公共雕塑的特征

1. 公共性与开放性

由于城市风貌和环境空间的特定要求,一般的公共雕塑都处于室外,融入了人们的视线和接触范围,这就使公共雕塑具有一定的公共性。这种公共性还表现在当一件雕塑艺术品诞生时,它不仅给这座城市带来无限生机,同时还给这座城市的每一个人带来喜闻乐见的艺术形式美,以此得到精神的享受。

例如日本艺术家通口正一郎设计的红、黄两件雕塑作品《空心管》放置在海边高层住宅的楼宇之间,不仅形态色彩上调节了社区氛围,在机能上更显出优越的公共性。社区的孩子们自由自在地在空心的铁管中钻来爬去。这类作品,既活跃了气氛,又使孩子们在尽情参与游戏的过程中得到了美的享受。

图 6-1 空心管

第六章 城市公共艺术需求专题设计

此外,公共雕塑往往是在一个公共场所的开放性空间中耸立着的,在广场中、在街道绿地上、在公园里、在街心花园中,或是在公共建筑、桥梁、水面上,都可以看到各式各样的公共雕塑。因此,这些开放性空间的特性,也决定了这些雕塑所必然具有的开放性的特征。在开放的空间里,人们以不同的方式与公共雕塑取得交流。例如沈阳"9·18"纪念馆,从外观看就是一本打开的日历,是一件极其有震撼力的公共雕塑,同时它的内部又是一个纪念馆,人们在观赏其外部形象的同时,又可以步入其中接受教育。

图 6-2 沈阳"9·18"纪念馆

2. 稳定性和地域性

公共雕塑要有稳定的构图,使人们无论从哪个角度审视都能产生一种完美整体的感受。同时,公共雕塑大多数伫立于室外的公共空间中,真可谓饱经风霜,历久弥新,因此不但要有经得起岁月考验的艺术质量,又要经得起风、霜、雨、雪等自然征候的风化和侵蚀而能留存长远,这就要求雕塑材料具有耐防腐蚀性。而这又表现出公共雕塑位置固定、材料耐久以及艺术形式的稳定感。

例如广州越秀公园内的《五羊石雕》(尹积昌、陈本宗、孔繁伟作),口衔谷穗、昂首挺立的大山羊以及环绕在下方的四只活泼的小山羊,从上到下形成了一个稳定的三角形。这种金字塔式的构图突出了主体的高大稳健和简洁的艺术形象,以恢宏的气势、单纯朴实的造型,体现了一种新时代市民的威严,在空间中产生一种威慑的力量(图 6-3)。

图 6-3　五羊石雕

每一个城市都有各自的历史文脉,可突出它的历史文化特点,因此应适当建立历史事件、历史人物的纪念性雕塑,如北京的《孙中山像》(图 6-4)、上海的《宋庆龄纪念像》、山东的《蒲松龄像》、法国法兰克福市的《歌德像》等。这种历史事件和历史人物的纪念性雕像突出地表现了公共雕塑的地域性。

第六章 城市公共艺术需求专题设计

图 6-4 山东蒲松龄像

此外，中华人民共和国成立后发展起来的现代化工业城市，创作的大多是具有现代形式感、高科技风格很强烈的作品，如四川的《生命》、安徽的《起舞》（图 6-5）等。一些海滨城市可以取材于大海的故事展开。通过这些作品，可使后人从中感受到前人的生活以及社会的变迁，从而使公共雕塑罩上了一层鲜明的民族地域文化的色彩。

图 6-5 安徽《起舞》

二、公共雕塑类型的划分

(一)按照材质划分

由于公共雕塑大多立于室外,须经历日晒雨露,因此要求制作材料具有耐久性、稳定性的特点,所以一般采用质地坚硬的材料,如石头、金属、玻璃钢、混凝土等材料。

1. 石雕

石材是现代公共雕塑采用最广泛的材质,它们最适宜表现的是体量坚实、整体团块、结构鲜明的雕塑形象。古今中外许多杰出的公共雕塑艺术作品多采用石头雕琢而成。不同石材显示着不同表现力。

大理石石质均匀,具有粒状变晶结构或块状结构,纹理美观易于加工和磨光。其色泽呈白、浅红、浅绿、深灰等多种颜色和花纹。纯白色大理石被称为"汉白玉",用它雕塑出来的作品光滑中充满精致、细腻,是上好的品类。花岗岩质地致密、坚固抗压、耐磨性能好、抗风化力强,表面可进行剁斧、磨光加工,呈灰色和肉红色。使用花岗岩制造雕塑可表现出无限的力度感。

2. 金属雕塑

今天的公共雕塑除石材外,还较多地采用金属材料,从铜器到铁器再到各种类型的金属,甚至多种金属结合使用,可谓种类繁多。下面我们选取其中的几种来进行分析。

铸铜是将液态铜浇注到铸型型腔中,冷却凝固后成为具有一定图形铸件的工艺方法。它质地坚硬、厚重,粗糙中略带有微妙变化,外观斑驳的色彩处理极富历史陈旧感。

铸铁是将液态铜和铁浇注到铸型型腔中,冷却凝固后成为具有一定图形铸件的工艺方法。它的材料制作方便,可塑造出刚劲有力的艺术效果,但因易于氧化,所以纯铁现在较少采用。

不锈钢是一种抵抗大气及酸、碱、盐等腐蚀作用的合金钢的总称。它具有良好的化学稳定性,能阻止介质腐蚀。不锈钢及各种合金材料是科学技术的进步发展出来的新成果、新材料,其质地轻盈,光泽强烈,可塑性很强,在现代公共雕塑材料的运用中具有广阔前景。

3. 玻璃钢雕塑

玻璃钢,又称玻璃纤维增强塑料,是一种公共雕塑的新材料、新工艺。它是以玻璃纤维及其制品(织物、毡材等)为增强材料制成的树脂基复合材料,具有体量轻、工艺简便、便于制作、效果强烈等特色。玻璃钢雕塑是通过模具中固化形成的工艺技术制作而成的。

4. 混凝土雕塑

混凝土雕塑是将水泥作为胶凝材料,细沙石作为集料,经搅拌、养护而成型的。水泥凝固后与石材相似,通过扒、拉等多种工艺,可以产生与石材同样的效果。所以,水泥常作为石雕的代用材料。混凝土具有强度高、易成型且造价低等特点。

5. 水景雕塑

水景雕塑在西欧古代就广泛运用,我国现代公共雕塑发展较快,目前也开始大量采用水景雕塑。其特点是运用喷水和照明设备的配合,具有变化丰富的特点,与灯光结合后能增添迷人的色彩。

(二)按照形态划分

1. 圆雕和浮雕

圆雕和浮雕是两种最常见的雕塑空间形式。圆雕具有强烈的体积感和空间感,轮廓界线分明,可以让人从各个不同的角度进行观赏、体验,雕塑的主体完全占有一个完整的、独立的空间。

浮雕是介于圆雕和绘画之间的一种雕塑形式,一般都依附于建筑或特定造型的表面。它不像圆雕那样完全占有独立空间,而只有一部分相应的空间,观赏角度也只能从正面或侧面来完成。

根据其起伏程度的不同,浮雕又可分为高浮雕和浅浮雕。高浮雕起伏大,接近圆雕,其体积和空间感是比较强烈的。浅浮雕更具有平面感,是一种接近于绘画的表现手法,它是借助于一定的光线和线条、轮廓来体现形象的。高浮雕与浅浮雕时常相互结合,共同出现在同一个空间中,层次丰富而有变化,这是我国传统雕塑常见的形式。

2. 具象雕塑和抽象雕塑

所谓具象雕塑,指的是在艺术表现上基本采用写实和再现客观对象为主的手法。具象雕塑是一种较易被人接受和理解的艺术形式。它具有形体正确完整、形象语言明晰、指示意义确切、容易与观赏者沟通和交流等特点。

而所谓抽象雕塑,是指打破自然中的真实形象,具有强烈的感情色彩和视觉震撼力。它较多运用点、线、面、体等抽象符号形态加以组合,是西方大城市现代雕塑中常用的方法。

(三)按照功能划分

1. 具有实用功能的雕塑

有些雕塑作品是为公共场所提供活动方便而设置的雕塑,如公用电话亭和公园坐凳等都具有极强的实用性。

2. 装饰性的雕塑

装饰性雕塑,是为现实性环境空间所进行的艺术创作和设计。❶

---

❶ 客观地说,凡是伫立于城市中的各类雕塑都具有装饰作用,但是这里所指的装饰性雕塑,它有时并不指示环境具有某种主题,也不表示纪念的人物与事件,而只是一种装饰,使环境更优美、更丰富。

此类雕塑在园林及各类绿地中运用颇广,它装点在都市的构架中,扮演着树立都市形象、提升文化层次的角色。装饰类雕塑有启迪性装饰、高科技构件装饰、园林景观装饰三种。

(四)按对城市环境的依附来划分

城市环境是个大概念,它是指市民赖以生存的所在地的周边境况。就其自然性与人工性而言,有自然环境和人工环境之分。从环境设计分支学科来讲,可分为人文环境和生态环境。

1. 依附人文环境的雕塑

这一类雕塑是以当地的人文背景、市民生活习俗、城市历史、民间传说等方面的特征作为出发点,以反射、和谐、衬托的方式与现实环境相对应而进行的相辅相成的设计。依附人文环境的雕塑具有以下特征。

(1)纪念性。人类自古以来就有树碑立传的传统。因此,往往会建造一些雕塑来纪念值得纪念的人物或事件。

(2)原创性。有些雕塑在造型上具有独特的视觉形象。例如埃菲尔铁塔就是法国巴黎的独特形象(图6-6),"东方明珠"则是上海的特有形象,这就是原创性。

(3)象征性。有些雕塑象征了当地的精神风貌。如图6-7所示是日本艺术家最上寿之的大作《沸腾的横滨》,它矗立在横滨的未来港地区,以波澜翻滚似的造型、雄健的高科技风格象征着意气风发、沸腾昌盛的横滨港。

(4)地域性。广州越秀公园的《五羊》雕塑,它代表了这一城市的名称。美国"自由女神像"是为了纪念当年欧洲人不堪忍受帝王的专制统治而逃向纽约港,由法国人1884年作为国庆礼物送给美国的,它是美国历史的象征。

图 6-6　法国埃菲尔铁塔

图 6-7　沸腾的横滨

2. 依附生态环境的雕塑

这一类雕塑是依附当地的地形、地势、功能区域,利用自然条件或自然材料,依势而作的公共雕塑作品。例如我国南北朝时期,依山而筑的云冈石窟、龙门石窟的尊尊石雕,乐山大佛依山而坐,足以显示出地貌、地势就景造像的宏大气魄。

三、公共雕塑与环境的和谐

(一)公共雕塑的设计要求

1. 接近真人尺度

由于现代城市生活节奏快,高层建筑林立,使人被分隔、独立,造成了人文负面影响。因而在城市规划中,设立观赏区、休闲区、步行街、绿地等公共空间,并在其间设计雕塑,以求得人与环境的亲近感。在设计环境雕塑时,雕塑的尺寸大都采用接近真人的尺度,使观众的可参与性加强(图 6-8)。

图 6-8 接近真人尺度的雕塑

2. 关注现代人的审美与时尚

城市环境的现代性，促使公共艺术作品不能满足于以往的传统模式，而更应丰富艺术作品的表现手法、材料技法，更加关注当代城市人的审美情趣、审美心理与风尚，只有这样，现代公共雕塑才能和谐地矗立在城市的公共空间中(图6-9)。

图6-9 西方现代雕塑

(二)公共雕塑的位置选择

公共雕塑位置选择的着眼点首先是精神功能，同时还要兼顾环境空间的物质因素，以构成特定的思想情感氛围和城市景观的观赏条件。城雕一般放置的地点有以下几个地方。

(1)城市的火车站(图6-10)、码头、机场、公路出口。这是能给城市初访者留下第一印象的场所。

(2)城市中的旅游景点、名胜、公园(图6-11)、休憩地。这些地方是最容易聚集大批观众，而且最适合停下来仔细欣赏公共雕塑的场地。

第六章 城市公共艺术需求专题设计

图 6-10 南京站前的雕塑

图 6-11 成都上城公园雕塑

(3)城市中的重大建筑物。雕塑的主题性会在此显得更为明显(图 6-12)。

图 6-12　美国白宫门前的雕塑

(4)城市中的居住小区、街道(图 6-13)、绿地。这些地方的环境和谐、气氛温馨,是最容易让雕塑与人亲近的地方。

图 6-13　街边雕塑

(5)城市中的桥梁、河岸(图6-14)、水池。这些地方容易让雕塑作品产生诗意。

图6-14　河岸边雕塑

(6)城市中的交通枢纽周围(图6-15)。此地虽能扩大雕塑的影响力,但作品不宜陷入局部细节的刻画,而应形体明快、轮廓清晰,一目了然,令人过目不忘。

图6-15　交通环岛的雕塑

第二节　城市公共壁画创新设计

关于城市壁画,我们可以从《简明不列颠百科全书》中得到解释:"壁画是装饰建筑物墙壁和天花板的绘画"。现代壁画,是与建筑共存的一种城市景观。它附属在建筑的特定部位,使一道墙,一顶天棚成为一道城市的公共景观线。

一、城市壁画的艺术特性

(一)壁画是环境中的空间艺术

壁画与建筑之间的关系体现在:壁画是建筑设计的继续,壁画在建筑的外墙或内墙上扮演着强化、处理使用功能的角色,并用图像或符号来表现这种深刻特色的关系(图 6-16)。

图 6-16　《丝路风情》(彭蠡、石景昭等)❶

---

❶　这幅壁画不仅具有恢弘巨制和精巧的艺术特色,更重要的是能与自然环境、历史文脉形成不可分割的呼应与联系。

第六章 城市公共艺术需求专题设计

值得注意的是,壁画与建筑之间的关系并非是壁画与建筑的机械相加。壁画是环境艺术的重要组成部分,人们非常重视对环境的创造,极力将自己的思想意识通过环境反映出来,并且运用各种艺术手段加强它的感染力。因此,壁画家、设计师不应该孤立地把壁画作品作为目标,而应该从文化的视觉来注视人们的生活空间。根据环境所必需的物理的、心理的、生理的感受,引进综合性的设计,更注重综合性的意义、环境的整体性、艺术与工程技术的结合,以及人们与场所空间的关系。

(二)壁画是兼容并蓄的装饰艺术

城市现代壁画,不是指一个画种,而是一种公共艺术现象和形态。从设计创作组合的成员来源和成分来说,它包括各个绘画门类以及画种众多的艺术家的投入。如图6-17所示是建筑家、画家、雕塑家、设计师、工艺师等专家结集的产物,是一种特殊的边缘学科艺术行为。而图6-18则表现了壁画制作材料的兼容并蓄,它采用了铸铜、锻铜等工艺手法。

图6-17 《文明的飞跃》

图 6-18 《天籁》

二、城市壁画与材料

(一)壁画材料的分类

1. 天然材料

天然材料包括黏土、石料、木料、毛绒、丝线、麻线等。

天然岩石是人工开采加工而成,以其独有的形态、色泽、纹理与质感成为现代壁画中常用材料之一。石材分为散粒材、块状材和石制品。例如花岗岩、大理石、太湖石、黄石、英石、青石、黄蜡石、石蛋、钟乳石以及各类人造石、仿真石体等。

由纯金属或合金构成的金属材料,是微小的晶体结构,有光泽、强度高、塑性好;具有鲜明的导体、力学性能和优良的可加工性(压力加工、焊接和铸造等)。常用的壁画金属如下不锈钢、花纹钢板、铜等。

木材体量轻、纹理美观、色泽自然、加工性能优良,壁画中常用其性能在径、横、截面上各向异性作为壁画面层。

黏土具有良好的黏结性、可塑性、吸附性、脱水收缩性和烧结性,可根据壁画的内容与形式将其分为塑性黏土、半软质黏土和硬质黏土,分别应用于陶瓷砖块、模型。

2. 人工材料

人工材料包括铜、铁、不锈钢、铅、铝合金、玻璃、塑料、陶瓷、马赛克、水泥、纤维、纺织品、丙烯等。

玻璃是以石英砂、纯碱、石灰石等为主要原料,经高温熔融后冷却而成的非晶体无机材料,它的光学性能和化学稳定性良好,利用吹、拉、压、铸等多种成型和加工方法可制成各种理想的形体。常用的壁画装饰玻璃,如磨砂玻璃、毛玻璃、浮法玻璃、夹丝玻璃、花纹玻璃、光栅玻璃(在光源照耀下发生物理衍射现象产生七彩光)、泡沫玻璃、玻璃马赛克等。

陶瓷是现代壁画中常用的材料和制作工艺。它具有耐高温、耐磨、耐风化腐蚀、抗氧化、硬度高、强度大等特性。釉是陶瓷的饰面层,彩釉工艺是陶瓷壁画的主要工艺,在现代壁画中常采用的有釉上彩、釉下彩、釉中彩、无光釉、艺术釉等,还有瓷雕、陶雕、陶瓷马赛克、锦砖及各类面砖等。

塑料是可塑性极强的高分子材料,它质轻、坚韧、耐化学腐蚀性好、耐磨、易着色、易加工。壁画制作常用的有泡沫塑料、玻璃纤维增强塑料(玻璃钢)等。

纤维材料是现代壁画中极佳的装饰材料。柔韧、纤细的丝状物,有长度、强度、弹性和吸湿性等特点,可纺成线或编织成织物。

丙烯具有水色颜料的水溶特性,凝固、干结后又具有油漆、油画颜料的抗水性特征,它介于水性和油性颜料之间,是绘制性壁画的革新材料,运用广泛。

3. 成品材料

成品材料,即原材料的制成品,直接用于壁画有塑料中的面板、纤维中的挂毯和壁毯、各类织品、图形石膏板、胶合板、釉面砖等。

(二)壁画的材料的选择与运用

在壁画的设计制作中,所采用的材料会受到一定的局限,这种局限有时恰恰也是它的特点所在。

一般来说,室外壁画材料应结合气候特点,选择耐热、耐寒、耐水、耐光、耐晒和耐久等性能,而且不易积污垢、易于清洗、有一定光泽、性能稳定特点的材料,这类材料应该是硬质材料。

此外,在材料的选择中,色彩也是会受到一定限制的,可采用各种技法去添色加彩。例如锻铜壁画的色彩表现可以通过锻击和腐蚀,使之产生各种肌理效果,加强色彩间的变化,等等。

三、城市壁画的设计

壁画设计制作的全过程是根据业主的意图,利用一定的材料及其相应的操作工艺,按照艺术的构想与表现手法来完成这个工程项目。具体来说,城市壁画的设计包括选题与构思、色彩与处理两个阶段。

(一)壁画的选题与构思

选题是从业主(委托人)和使用者的命题范围来着手的。功能性强的壁画,有的业主是直接出题,在构思完成后,利用艺术家的表达方式表现出来。而构思一般分为两个方面,一方面是以理性思维为基础,对建筑载体的内涵进行直接阐述与强调,重视场所精神的事件性和情节性,带有纪念和引导意义;另一方面是非理性的表现,这类壁画大多从宣泄设计者情感出发,想象表现一种理想和意识,强调装饰效果是一种带有唯美色彩与抒情性的设计,注重视觉效果对建筑物外部环境的形、质、色等视觉因素的补充和调整。

在壁画的选题构思中,设计师还得不断地从古今中外的文化财富中吸取营养,研究壁画与建筑墙体形态的变化关系,并与当地文化特征和现实背景相适应,或者依据特定场所功能而展开的构思。

(二)壁画色彩与处理

现代壁画设计中,色彩处理直接关系到壁画的装饰性效果。在普通的绘画中较多地表现出个人风格,允许采用个性化、个人偏爱的色彩,而在壁画设计中,色彩要更多地体现环境因素、功能因素和公众的审美要求。在具体地设计中,壁画色彩的处理要考虑五个方面的因素。

第一,需要特别重视色彩对人的物理的、生理的和心理的作用,也要注重色彩引起的人的联想和情感反应。例如在纪念堂、博物馆、陈列厅等场所的壁画往往采用低明度、高纯度的色调为主,可获得庄严、肃穆、稳定和神秘的气氛;而在公共娱乐场所、休闲场所、影院、公园、运动场、候车室中则多采用以热烈、轻快、明亮的色调为主,并适当使用高明度、高纯度色调,从而营造出欢快、愉悦、活泼的气氛。

第二,不能满足于现实生活中过于自然化的色彩倾向,而是要思考如何来表现比现实生活更丰富、更理想的色彩,从而实现它的装饰性功能。

第三,还可以通过色彩设计调节环境,恰当地运用不同的色彩,借助其本身的特性,对单调乏味的硬质建筑体进行调节性处理,使环境产生人性味。

第四,色彩设计要从属于壁画的主题,应主观地调整色彩的表现力,通常习惯用某种色彩所具有的共通性——联想和象征去表现、丰富主题内容,美化环境、改善环境,如图6-19所示。

图6-19 《人与自然》(铝板、丙烯壁画)

第五,壁画的色彩设计要从整体出发审视周围环境,强调结构方式,把它们各部分及其变化与壁画完整地联系起来,使气氛自然和谐。

第三节 城市公共装置、装饰合理设计

城市公共空间中,装置、装饰设施的范围十分广泛,主要指具有一定艺术形式和内容的统一体所构成的环境设施小品,如景墙、花坛、座椅、水池、景桥、亭廊、栏杆、铺装、景观雕塑等,作为公共空间中必要的功能和装饰性构筑,具有良好的审美性,也承载了环境中人的行为活动。

公共装置、装饰艺术品被放置在特定的公共空间当中,体现功能性、技术性、艺术性,也要和周围的环境发生关系,因环境的属性变化而在风格、形式上发生变化。

一、公共装置、装饰的作用

现代城市公共装置、装饰艺术品的设计,具有美化城市空间、彰显城市特色、提升外部空间的文化品位以及承载公共活动等作用。

第六章　城市公共艺术需求专题设计

(一)塑造外部空间形态

城市公共空间中的装置、装饰艺术品作为城市外部空间和其景观重组中不可缺少的元素，其对外部空间人性化的尺度和界面的二次调整、空间秩序及层次感的营造都具有极其重要的作用，其形态与组合方式会使外部空间尺度改变，比例与形状的感觉也会有所不同。

图 6-20　景观廊架

图 6-20 所示为清华科技园中的景观廊架，放大了设计尺度，在建筑和人之间形成了良好的过渡关系，既丰富了景观层次，又减少了建筑给人的压抑感

(二)显现地方文化内涵

从景观设施与地方文化方面看，城市公共空间中的装置、装饰艺术品作为依附于特定外部空间环境的构筑，其风格造型与文化表达必须充分显现该外部空间的地域特征，从城市传统的样式、地方风格、材料特征、城市色彩等方面去加以提炼和渗透。

图 6-21　潍坊城市广场的灯柱设计

图 6-21 所示为潍坊城市广场上的灯柱设计,很好地借用了风筝的元素,体现了潍坊作为"风筝之都"的地域文化特色。

二、不同空间的公共装置、装饰设计

(一)广场装置、装饰设计

广场设计属于城市设计众多内容之一。城市广场不仅是市民各种活动的载体,而且必须成为城市文化、城市精神的传达者,将人与人、人与社会、人与自然之间的关系客观、冷静地表达出来,让生活在城市中的人有归属感及与众不同的内涵。

例如西安的大雁塔北广场装置设计,大雁塔北广场位于现在的西安市的主要交通干道,是典型的唐文化广场。大雁塔北广场的细部设计尽显唐代的历史印迹(图 6-22,图 6-23)。

图 6-22 大雁塔北广场地景浮雕　　图 6-23 大雁塔北广场灯柱

(二)街道装置、装饰设计

城市景观的主要构成之一是街道,和广场一样,街道也承担着市民公共活动的场所职责。街道形成了公共空间的边界,它与广场不同的是,由于其空间的狭窄性,更适合生活化装饰设施艺术作品的出现。

例如杭州滨湖国际名品街的改造,抓住了"似曾相识"这一主题,营造出一个带有湖滨特色的全新感受。一条溪流沿商业街穿过,仿佛是西湖的延续,弯弯曲曲的水系打破了商业街呆板的直线型空间,同时又强调了街道空间的整体秩序。板岩驳岸的质朴和自然,让商业空间多了一份生态自然的平和(图 6-24)。

水系边花岗岩块高低错落,粗糙与光滑的表面形成了对比,粗糙的一面成为水系的驳岸,而光滑的一面则成为坐凳(图 6-25)。灰、白的基调在和谐中体现着对中国文化的追求。

图 6-24　景观水系

图 6-25　块石坐凳

在铺装设计中,设计者利用板岩拼花在管理井上做文章(图 6-26),使原本影响景观的设施变成了环境中新的亮点。

图 6-26　地面铺装

(三)居住区装置、装饰设计

现代居住区的景观设计,不仅讲究植物质感与色彩的配置,还要讲究装置设施的选择、景观构筑物的营造、室外家具与小品设计等,以求实现整体环境的最优化。不同风格的小区景观定位决定了不同的装置设施选择,住区景观设计要把握地域文化特点,营造出富有文化内涵和地方特色的小区景观环境,同时住区景观应更具备亲和力,注重小尺度和细部设计,塑造出安全、便捷、和谐的住区景观空间。

当然,多样的外部环境设施、装饰要素之间要做到和谐统一,避免各要素之间产生冲突和对立。深圳万科"第五园"作为华南区域的现代中式第一楼盘,尝试了新中式的景观营造,吸纳了岭南四大名园,辅以现代设计理念,通过"古韵新做"的设计手法,以灰、白基调进行构筑。漏墙设计虚实结合,以冰裂纹的传统纹样夹在白墙中,形成漏墙(图 6-27),融入传统文化底蕴的同时不留设计痕迹,使居者身临其境,感受到放松、亲切的氛围,体会到家园的美好。

图 6-27　漏墙

入户设计着墨于中式民居的庭、院、门的塑造,在造型上以直线为主,注重虚实结合(图 6-28);在色彩上采用素雅、朴实的颜色,穿插少许防腐木的亮色;在材质上以砖木为主,使整个社区给人一种古朴、典雅又不失现代的亲和感。

图 6-28　入户设计

第六章　城市公共艺术需求专题设计

(四)地景公共艺术装置设计

相比环境艺术而言,地景艺术表达的是一种大地景观的诗意化。它试图达到的是将大自然和人类的历史遗迹做一种全新的视觉上的阐释。在现代主义艺术中,地景艺术成为影响19世纪八九十年代风景设计的非常重要的因素。

Northala Fields是伦敦一个世纪以来最大的新建公园,也成为伦敦西部关口的一座"地景艺术品"。设计利用伦敦周边开发项目剩下的施工瓦砾建造了小山坡(图6-29),节省了700万欧元。新地形的主要特点是沿着北角建立了四座圆锥形土丘,这一地形减少了来自附近公路的噪声、视觉和空气污染的影响,也通过新的地貌和土壤创造了新的生态机会。

图6-29　Northala Fields 山丘

三、装置、装饰设计中的围栏艺术

公共艺术的装置与装饰包括有许多内容,限于篇幅原因,我们仅选择其中的围栏进行详细论述。

围栏艺术,反映了城市人群的理想和追求,是人们精神世界的影像。城市装饰围栏,具有规范、分隔空间、组织疏导人流的作用,还具有强烈的装饰性。游客可通过围栏文化窥测这个城市在想什么和要什么,可以了解这个城市的历史和变迁,并预测城市的进步和未来。

(一)围栏的特性

1. 开放与指示性

作为公共艺术设计范畴的城市围栏,大部分处于公共场所之间,坐落在大众生活、交通、商贸等非特定活动的空间。因此,它在设计时就要考虑其广泛性与普及性。所应用的艺术表现形式,应用的装饰纹样,应具有喜闻乐见的大众认知基础,使其艺术性贴近社会、贴近人的生活。此外,城市围栏所处周围环境的差别,使得围栏为区域环境或建筑物之间的组织网络提供了明晰的指示性作用。

2. 系统和服务性

一般来说,围栏应该是具有系统性的。但是由于现在的围栏分别由不同的行政部门、社会组织、企业机构等单位各自负责规划与分头设计、建设、使用和管理,这样,城市围栏就会显得杂乱无章。对此,应该将围栏纳入市政系统工程的范畴中去协调,并将这些纷乱现象进行系统地整体调理,从而使围栏艺术在功能或外观形态上都与空间环境相统一,形成统一的、并非各自为政的系统形式。

围栏的服务性主要体现在围栏设计的中,无论是材料的选择运用还是装饰形态的变化及装饰表现,都体现着一定的服务性功能。如围栏对于城市特点、社会主题、古迹文物、地理特征、展示品等起着视觉引导和说明的作用;马路两边起分隔作用的围栏,是用以告示人们行为和安全规范准则的载体,它负载着方向指示、引导警示的服务性职能。

3. 风情和审美性

由于围栏与周边环境的关系,使得周边环境的自然风貌、人文精神成为围栏艺术风格的基础。同时这些信息的注入,也使城市围栏艺术形成一个统一体,使代表自然风貌的景观与代表人文精神的宗教、轶闻趣事、神话、传说、风土人情、信仰以及企业或团队精神等形成一种围栏文化而成为大众的一种话题。

近些年来,在围栏设计中越来越强调追求实验性的创意表现,也贯穿了相关的视觉传达、造型艺术、装潢设计、装饰纹样、图案学等多种学科形式的作用,由此而推动了城市围栏设计的审美发展,为市民增添了日益追求的愉悦效果,引导着广大市民实现不断提升审美层次和品位的愿望。

(二)围栏设计的艺术效果

1. 质感

在围栏设计效果上,一个起作用的因素是质感。所谓质感,是指所选用材料表面的质地和肌理的感觉。围栏材料表面的质感主要从两方面去掌握,一是材料本身,二是对材料的表面加工处理。依仗不同程度的打磨工艺结果,可以获得许多种不同效果的表面质感(图 6-30,图 6-31),这些都直接影响到围栏的艺术感染力。

图 6-30 粗糙的质感

图 6-31 细腻的质感

2. 色彩

围栏设计装饰效果的另一个因素是色彩。在色彩的运用上，可以利用一些材料的本色，也可以采用另一种方法，即镀金、抛光、打磨、油漆、彩绘、多种装饰抹灰乃至不同颜色的镀铜、镀银、镀金等各类饰面处理。在色彩的运用上，设计师是最大胆、最富有创造性的。

3. 装饰

围栏的装饰图案是艺术处理中的一个突出环节，比较多的采用雕刻、拼装、镂空、浮雕或者构成排列等方法。不过，无论围栏的装饰设计采取何种图形、图案进行处理，采用何种变化组合规律，最重要的是保持整体的有机统一，才不致造成视觉上的混乱，从而导致根本无形式美可言的效果。

参考文献

蔡永洁.2006.城市广场[M].南京:东南大学出版社.
戴航.2007.城市道路景观设计与案例[M].哈尔滨:黑龙江科学技术出版社.
封云,林磊.2004.公园绿地规划设计[M].北京:中国林业出版社.
韩相春.2005.道路交通景观设计[M].哈尔滨:东北林业大学出版社.
郝洛西.2005.城市照明设计[M].沈阳:辽宁科学技术出版社.
金涛,杨永胜.2003.现代水景设计与营造[M].北京:中国城市出版社.
李铁楠.2005.景观照明创意和设计[M].北京:机械工业出版社.
李雄飞等.1992.国外城市中心商业区与步行街[M].天津:天津大学出版社.
梁江,孙晖.2007.模式与动因——中国城市中心区的形态演变[M].北京:中国建筑工业出版社.
刘滨谊.1999.现代景观规划设计[M].南京:东南大学出版社.
刘滨谊.2002.城市道路景观规划设计[M].南京:东南大学出版社.
卢圣.2004.植物造景[M].北京:气象出版社.
舒湘鄂.2006.景观设计[M].上海:东华大学出版社.
谭纵波.2005.城市规划[M].北京:清华大学出版社.
唐学山,李雄,曹礼昆.1997.园林设计[M].北京:中国林业出版社.
王浩,谷康,孙新旺,陈蓉,金晓雯.2005.城市道路绿地景观规划[M].南京:东南大学出版社.
王建国.1999.城市设计[M].南京:东南大学出版社.
王珂等.1999(1).城市广场设计[J].南京:东南大学出版社.
王晓燕.2000.城市夜景观的规划与设计[M].南京:东南大学出版社.
王昀,王菁菁.2006.城市环境设施设计[M].上海:上海人民美术出版社.
魏向东.2005.城市景观[M].北京:中国林业出版社.
夏祖华等.1992.城市空间设计[M].南京:东南大学出版社.
肖辉乾.2000.城市夜景照明规划设计与实录[M].北京:中国建筑工业出版社.
徐峰,牛泽惠,曹华芳.2006.水景园设计与施工[M].北京:化学工业出版社.
徐浩.2006.城市景观规划设计理论与技法[M].北京:中国建筑工业出版社.
许浩.2006.城市景观规划设计理论与技法[M].北京:中国建筑工业出版社.

杨赉丽.2006.城市园林绿地规划(第2版)[M].北京:中国林业出版社.
张斌,杨北帆.2000.城市设计与环境艺术[M].天津:天津大学出版社.
张京祥.2005.西方城市规划思想史纲[M].南京:东南大学出版社.
张志全,王艳红等.2002.水体实例解析[M].沈阳:辽宁科学技术出版社.
郑强等.2001.城市园林绿地规划(修订版)[M].北京:气象出版社.